EDA技术
与实践教程

宋烈武 编著

化学工业出版社

·北京·

本书提供了参考授课计划及自学建议，方便教师授课和学生自学。全书整体分为基础篇、实战篇两部分，两者相辅相成、有机融合。

本书主要介绍 FPGA/CPLD 的结构与工作原理、配置与编程，Quartus Ⅱ设计流程，硬件描述语言 VHDL 的语法概要并给出了常用单元电路的设计。书中结合大量的实例进行讲解，使读者可以很容易从模仿中快速学会用 VHDL 设计电路，并应用 EDA 技术解决中、小规模的系统设计问题。

本书可作为高职院校电子类、通信类及计算机类等相关专业二年级及以上学生的教材，也可作为电子技术工程技术人员的参考用书。

图书在版编目（CIP）数据

EDA 技术与实践教程/宋烈武编著. —北京：化学
工业出版社，2019.1（2021.5重印）
 ISBN 978-7-122-33476-3

Ⅰ．①E⋯ Ⅱ．①宋⋯ Ⅲ．①电子电路-电路设计-
计算机辅助设计-教材 Ⅳ．①TN702.2

中国版本图书馆 CIP 数据核字（2018）第 286636 号

责任编辑：刘 哲 装帧设计：关 飞
责任校对：宋 夏

出版发行：化学工业出版社（北京市东城区青年湖南街 13 号 邮政编码 100011）
印 装：三河市延风印装有限公司
787mm×1092mm 1/16 印张 15¼ 字数 240 千字 2021 年 5 月北京第 1 版第 2 次印刷

购书咨询：010-64518888 售后服务：010-64518899
网 址：http://www.cip.com.cn
凡购买本书，如有缺损质量问题，本社销售中心负责调换。

定 价：38.00 元

前　言

　　电子设计自动化（Electronic Design Automation，EDA）是现代电子信息工程领域的一门新技术，它是在先进的计算机工作平台上开发出来的一整套电子系统设计的软硬件工具，并提供了先进的电子系统设计方法。EDA 技术是电子设计技术和电子制造技术的核心，其发展和推广应用极大地推动了电子信息行业的发展。

　　现在的大规模 FPGA 器件已经相当普及，电路规模发展到现在的百万门级，半导体蚀刻技术已经可以达到 14nm，FPGA 内部也已经集成 CPU 软核或硬核，同时提供复杂 DSP 的专用 IP，使得 SOPC 技术成为一个发展的方向。EDA 技术及其应用水平已成为一个国家电子信息工业现代化的重要标志之一。

　　EDA 已经成为电子设计的主要手段，使工程师们在高效设计的同时，可以进行精确的硬件抽象和仿真，保证产品开发的短周期和高质量，作为一个电子技术工程技术人员不懂 VHDL 语言和 FPGA/CPLD 器件设计，就像在计算机时代不会使用计算机一样可怕。EDA 技术是电子技术类课程教学改革的重要方向，是培养出适应 21 世纪发展需要的高素质的全面人才的必不可少的课程。

　　EDA 技术课程主要内容包括三个部分：① 大规模可编程器件，它是利用 EDA 技术进行电子系统设计的载体；② 硬件描述语言，它是利用 EDA 技术进行电子系统设计的主要表达手段；③ 软件开发工具，它是利用 EDA 技术进行电子系统设计的智能化的自动化设计工具。"EDA 技术"课程主要是让学生了解 EDA 的基本概念和基本原理，掌握 HDL 编写规范，掌握逻辑综合的理论和方法，使用 EDA 工具软件进行相关的实践并从事简单系统的设计，提高工程实践能力；学会应用 EDA 技术解决一些简单的电子设计问题。该课程立足于电子硬件设计，但同时以计算机软件作为设计的工具和辅助手段。

　　2006 年国家电工电子项目在武汉职业技术学院建立"EDA 实训基地"。Altera 公司于 2008 年 9 月捐赠武汉职业技术学院价值 53 万多美元 Altera 产品，隆重举行了武汉职业技术学院-Altera EDA/SOPC 联合实验室揭牌暨捐赠仪式，成为 Altera 在中国的第一个高职院校的联合实验室（截至到现在有包括清华大学在内的等百余个联合实验室）。武汉职业技术学院参与发起并成为"中南地区 EDA/SOPC 技术研究会"常务理事单位之一。

　　武汉职业技术学院于 2000 年开设"EDA 技术"课程，根据高职学生培养实用型、技术应用型人才的目标，以实用、够用为原则，编写了"EDA 技术"讲义，试用 5 年来效果较好，于 2006 年出版了《EDA 技术实用教程》，2009 年出版了《EDA 技术与实践教程》。在使用中发现仍存在很多问题：一是部分代码有误；二是以 MAX+plus Ⅱ 为蓝本，不符合时代进步的要求；三是内容过于庞杂，难以符合实用、够用的原则。

　　还有一个问题很纠结。各大公司的设计套件平均每半年更新一次，软件的更新意味着硬件的落后，也要随之更新，这在各个院校都很难实现。要不要追求新版本也是一个问题。本课程 EDA 技术，应该说是所有电子大类及相关专业应该掌握的技术，一种入门级普及教育；Altera 于 2015 年被 Intel 收购，作为英特尔的新业务部门运营，称为可编程解决方案事业部（PSG），其开发工具 Quartus Ⅱ 更名为 Quartus Prime，主要在性能、效率、可用性上有所提升。思虑再三，暂不更新教学软件的版本。

本书采用结合传统与现代高职院校推崇的"基于行动导向"之间的方法编写，并提供参考授课计划及自学方法，整体分为基础篇、实战篇两部分，两者相辅相成、有机融合。根据高职学生培养实用型、技术应用型人才的目标，以实用、够用为原则，理论知识尽量简明，重视实践环节。书中给出了大量的实例，通过这些实例，读者可以很容易从模仿中快速学会用 VHDL 设计电路，并应用 EDA 技术解决一些中、小规模的系统设计问题。

本书在正文前提供了参考授课计划及自学建议，方便教师授课和学生自学。第 1 章概述了 EDA 技术的主要内容、特点及发展趋势；第 2 章简要介绍了 FPGA/CPLD 的发展历程、结构与工作原理及特点，Altera 的成熟器件、新型器件和配置芯片，FPGA/CPLD 器件的配置与编程；第 3 章介绍了 Quartus Ⅱ 设计流程，分步骤通过 6 个设计实例介绍了输入设计与编译、仿真及时序分析、下载实现及硬件测试、可参数化宏模块的调用及 SOPC 技术入门，涵盖了 Quartus Ⅱ 设计的主要内容，方便读者快速掌握 EDA 开发工具的使用方法；第 4 章介绍了硬件描述语言 VHDL 语法概要，为突出重点、节省篇幅，例题均标注在第 5 章的实例中；第 5 章用 VHDL 给出了常用单元电路的设计，让学生从模仿中快速用 VHDL 设计电路；第 6 章由浅入深，精选了 6 个基础训练项目，建议教学活动由此展开；第 7 章精选了 6 个综合训练项目，前 4 个训练项目让读者充分体会由电子积木（模块）构建数字系统设计，后 2 个训练项目让读者体会到高起点开发应用之快乐，可供小型课程设计之用。第 8 章选取了本学期几个完成了硬件实验的学生作品，以期作抛砖引玉之用。

本书采用 Altera 大学计划全球推广 DE2 开发板为蓝本，描述实践环节。本教材提供的所有 VHDL 代码均在 Quartus Ⅱ 9.0+SP1 上综合通过，部分例题给出了仿真结果。

本书由武汉职业技术学院宋烈武编著，参加编写的有武汉职业技术学院王碧芳、杨慧、虞沧、曹艳，仙桃职业技术学院胡进德，湖北众有科技有限公司的刘忠成参与了部分编写，还有第 8 章收录了通信 17304 班的刘泽林、刘永万、苏昌镐，电信 17202 班的夏天等同学的作品，在此表示衷心的感谢。

由于编者水平有限，书中难免存在不足之处，敬请读者批评指正。编者 E-mail：dzgcslw@163.com。

谢谢关爱本教材的朋友！

编者
2018 年 12 月

《EDA 技术与实践教程》 参考授课计划

授课对象 电子类、通信类及计算机类等专业二年级及以上学生

授课地点 EDA 实训基地

授课手段 多媒体教室+网络课程

授课安排

总学时 40 学时（32 学时课堂教学［12 学时理论+20 学时实践]+8 学时课程设计）

考核 平时 60% +课程设计 40%

注：重视学习过程，每一单元的学习，均有一次考查、一次成绩。

本课程与其他课程的衔接

先修课程 计算机技术基础、C 语言程序设计、数字电路等。

后续课程 SOPC 技术、ASIC 设计等。

一、设计思路

理论讲解和实际动手相结合，以理论指导实践，以实用、够用为原则，精选授课内容，以实践为中心线索进行引导，通过具体的实践来教学。首先给学生以感性认识，让学生在实践中从模仿开始，逐步学会 FPGA/CPLD 设计，充分调动学生的积极性和创造性，并以此来引导学生掌握新的设计方法。学完本课程后，应学会自顶向下的设计方法，会应用 EDA 开发工具以及硬件描述语言 VHDL，能完成一定规模的 FPGA/CPLD 目标芯片、中小规模的系统设计。

二、教学内容与目标

（前 8 单元，4 学时/单元；第 9 单元，8 学时完成课程设计）

教学项目	相关章节	教学目标与任务	实践能力（技能）	理论与实践分配比
① 一位全加器原理图输入设计	第 1 章、3.4.1 节、6.1 节	① 通过对 EDA 技术的介绍，让学生掌握 EDA 技术的特点、主要内容及其在现代电子系统设计中所起的作用，激发学生对本课程的兴趣，调动学生学习的积极性； ② 从学生最熟悉的原理图输入法入手，掌握原理图输入法及编译综合	① 会原理图输入法； ② 能编译、改错	2：2
② 译码显示电路的设计	2.1 节、2.2 节、3.4.3 节、4.2 节、5.1.1 节、6.2 节	① 了解可编程逻辑器件的发展进程、种类划分及当前的发展水平，掌握 FPGA/CPLD 的结构特点； ② 通过例 4-1 介绍，让学生掌握 VHDL 的基本结构； ③ 学习译码显示电路的设计	① 会 VHDL 输入法； ② 能编译、排错	2：2

教学项目	相关章节	教学目标与任务	实践能力（技能）	理论与实践分配比
③ 含异步清零和同步时钟使能的 4 位加法计数器	2.4 节、3.3 节、3.4.2 节、4.3 节、5.2.3 节、6.3 节	① 学习 FPGA/CPLD 器件的配置与编程；② 学习 Quartus Ⅱ 设计流程；③ 学习 VHDL 语言要素；④ 学习加法计数器的设计	① 会输入、排错；② 学习体验仿真	2：2
④ 数控分频器的设计	4.4.1 节、6.4 节	① 学习并掌握 VHDL 顺序语句；② 学习数控分频器的设计、分析和测试方法	① 会时序电路的仿真；② 能自行设计固定 2、10 分频器并用仿真方法来验证	1：3
⑤ 用状态机实现序列检测器的设计	4.4.2 节、5.2.2 节、5.3 节、6.5 节	① 学习并掌握 VHDL 并行语句；② 学习用状态机实现序列检测器的设计，并对其进行仿真；③ 学习锁引脚，演示下载全过程	① 会时序电路的仿真；② 能用已学知识（电子模块）搭建新的系统	1：3
⑥ 简易正弦信号发送器的设计	3.4.4 节、5.4 节、6.6 节	① 学习存储器的设计方法；② 学习可参数化宏模块的调用；③ 介绍嵌入式逻辑分析仪使用方法	① 学习 LPM_ROM 的使用方法；② 学习 SignalTap Ⅱ 的使用方法；③ 完成硬件实验	2：2
⑦ 4 位十进制频率计设计	4.5 节、7.2 节	① 学习十进制频率计的设计方法；② 掌握动态扫描输出方法；③ 学习较复杂的数字系统多层次设计方法	① 会用动态输出模块 scan_led；② 学习电子设计的搭积木方式	1：3
⑧ 设计一个简单的 CPU 系统	3.4.5 节	介绍 SOPC 技术，带领学生步入新的天空	① 会用 SOPC Builder 工具构建 CPU 系统；② 完成硬件测试	1：3
⑨ 课程设计	第 7 章	在前 4 个综合训练中任选 1 个作为课程设计项目，完成硬件实物的设计（可 1~3 个学生为 1 组）	① 能设计较为复杂的系统；② 培养学生团队协作能力	1：7

三、教学建议

第 1 单元，一位全加器原理图输入设计

重点：激发学生学习本课程的兴趣。

难点：不要让一个学生掉队。

建议：前 3 次课，老师尽量照顾动作慢的同学。

第 2 单元，译码显示电路的设计

重点：FPGA/CPLD 的结构与工作原理，VHDL 入门。

难点：排错方法。

第 3 单元，含异步清零和同步时钟使能的 4 位加法计数器

重点：计数器的设计及其仿真。

难点：

① 计数器设计的举一反三，思考任意指定进制计数器的设计；
② 仿真的理解及流程；
③ 全局量、局部量的概念。

第 4 单元，数控分频器的设计
重点：代码中的两个进程的作用及其关联。
难点：在学习模仿的基础上，学会自行设计仿真。

第 5 单元，用状态机实现序列检测器的设计
重点：
① 并行语句及其特征；
② 状态机的概念及其应用。
难点：自行设计仿真。
建议：到此次课，基本内容已教给了学生，是一个阶段。而本次课的时间安排相对宽松一点，建议老师鼓励前期没有按时完成任务的学生补齐。介绍锁引脚，演示下载全过程。

第 6 单元，简易正弦信号发送器的设计
重点：
① 可参数化宏模块的调用；
② 嵌入式逻辑分析仪使用。
难点：第一次硬件实验，涉及内容多，建议老师分步骤进行。

第 7 单元，4 位十进制频率计设计
重点：
① 通过十进制频率计设计的学习，学习较复杂的数字系统多层次的设计方法；
② 掌握动态扫描输出方法。
难点：动态扫描输出及其对应的静态输出。部分同学可以学会动态扫描输出，而不知如何改为静态输出。

第 8 单元，设计一个简单的 CPU 系统
重点：SOPC 技术入门级介绍。
难点：硬件测试，建议分步骤进行。
建议：此次课时间安排相对宽松，建议老师鼓励前期没有按时完成任务的学生补齐。布置下一个单元的任务。

第 9 单元，课程设计
自由选题、自由组队，支持课外选题。
该单元的设计，是对学生学习的考查，也是对老师教学的考查。很多往届学生都说经过该设计过程提高很多，望提请学生重视。
要求：

① 硬件实现；

② 提交设计报告（论文格式）。

建议：学生在前期尽快给老师看方案，以便顺利进行设计，不走弯路！

特别提醒：不反对查资料，借用别人的设计，但是请注意我们是要在 DE2 开发板上来实现的！一定要注意时钟输入信号及输出信号也就是前级与后级能否在 DE2 在实现！

四、自学建议

① 阅读第 1 章概述，明白 EDA 技术的主要内涵。

② 在计算机及开发板上对照 3.4 节的 6 个实例一一实现，遇到问题查看第 4 章的语法及其在第 5 章的对应举例。

③ 完成第 6 章的实践项目。

④ 重读本教材。

⑤ 选做第 7 章的实践项目。

目 录

第1篇 EDA 技术基础

第5章　常用模块电路的 VHDL 设计 / 108

第2篇　实战训练

第6章　基础训练 / 144

第7章　综合训练 / 157

EDA

第1篇

EDA 技术基础

第1章 概　述

【学习要点】

EDA 技术，电子设计自动化。狭义上的 EDA 技术是指可编程技术。它是以计算机为工作平台，以 EDA 工具软件为开发环境，以可编程逻辑器件（PLD）为物质基础，以硬件描述语言（HDL）作为电子系统功能描述的主要方式，以电子系统设计为应用方向的电子产品自动化设计过程。EDA 技术的典型特征是用软件的方式设计硬件。

1.1　EDA 技术的含义

信息社会的标志产品是电子产品。现代电子产品的性能越来越好，复杂度越来越高，更新步伐也越来越快。实现这种进步的主要原因就是微电子技术和电子技术的发展。前者以微细加工技术为代表，目前已进入超深亚微米阶段，可以在几平方厘米的芯片上集成几千万个晶体管；后者的核心就是 EDA 技术。

EDA 是电子设计自动化（Electronic Design Automation）的缩写，在 20 世纪 90 年代初从计算机辅助设计（CAD）、计算机辅助制造（CAM）、计算机辅助测试（CAT）和计算机辅助工程（CAE）的概念发展而来。

传统意义上或者狭义上的 EDA 技术是指可编程技术，是以计算机为工具，融合了应用电子技术、计算机技术、智能化技术的最新成果而开发出的 EDA 通用软件包，设计者在 EDA 软件平台上，用硬件描述语言（Hardware Description Language，HDL）完成设计文件，然后由计算机自动地完成逻辑编译、化简、分割、综合、优化、布局、布线和仿真，直至对于特定目标芯片的适配编译、逻辑映射和编程下载等工作。利用 EDA 技术进行电子系统的设计，具有以下几个特征：

① 用软件的方式设计硬件；

② 从软件到硬件的转换是自动完成的；

③ 设计过程中可以进行各种仿真；

④ 系统可现场编程，在线升级；

⑤ 整个系统可集成在一个芯片上，体积小、功耗低、可靠性高。

EDA 技术是现代电子设计的发展趋势。

EDA 技术（图 1-1）以计算机为工具，把原来硬件的大部分工作转换成在 EDA 软件平台上完成，根据硬件描述语言完成它的设计，并对目标芯片进行写入，通过计算机完成大量工作，实现硬件软设计，降低了设计人员的硬件经验要求和劳动强度。其目标芯片是一种由用户根据需要而自行构造逻辑功能的数字集成电路，主要有 FPGA 和 CPLD 两大类型，其基本设计方法是借助于 EDA 软件，用原理图、硬件描述语言等方法，生成相应的目标文件，最后用编程器或下载电缆，由目标器件实现。

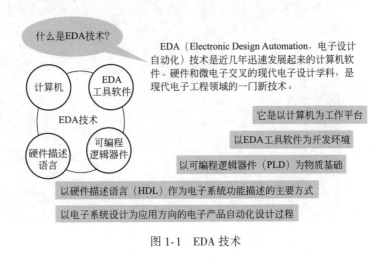

图 1-1 EDA 技术

1.2 EDA 技术典型应用

EDA 技术在教学、科研、产品设计与制造等各方面都发挥着巨大的作用。

在教学方面，几乎所有理工科（特别是电子信息）类的高校都开设了 EDA 课程。主要是让学生了解 EDA 的基本概念和基本原理，掌握用 HDL 语言编写规范，掌握逻辑综合的理论和算法，使用 EDA 工具进行电子电路课程的实验验证，并从事简单系统的设计。一般学习电路仿真工具（如 multiSIM、PSPICE）和 PLD 开发工具（如 Altera/Xilinx 的器件结构及开发系统），为今后工作打下基础。

科研方面主要利用电路仿真工具（multiSIM 或 PSPICE）进行电路设计与仿真；利用虚拟仪器进行产品测试；将 CPLD/FPGA 器件实际应用到仪器设备中（自行开发的 CPLD/FPGA 作为电子系统、控制系统、数字信号处理系统的主体），从事 PCB 设计和 ASIC 设计等。

在产品设计与制造方面，包括计算机仿真、产品开发中的 EDA 工具应用、系统级模拟及测试环境的仿真、生产流水线的 EDA 技术应用、产品测试等各个环节。如 PCB 的制作、电子设备的研制与生产、电路板的焊接、ASIC（Application Specific Integrated Circuit，专用集成电路）的制作过程等。

从应用领域来看，EDA 技术已经渗透到各行各业，包括机械、电子、通信、航空航天、化工、矿产、生物、医学、军事等各个领域，都有 EDA 应用。另外，EDA 软件的功能日益强大，原来功能比较单一的软件，现在增加了很多新用途。

在2008奥运会开幕式画卷 LED 屏（图1-2）控制系统中选用了 Altera 的 Cyclone Ⅱ FPGA，展示了 Altera 提供功能优异、高性价比解决方案的能力。LED 显示屏应用于鸟巢场内四周以及地面中心的画卷上。每个 LED 屏控制系统采用了 4000 片 Altera Cyclone Ⅱ FPGA。利亚德系统扫描和控制的逼真视频图像显示在 LED 屏上。Cyclone Ⅱ 器件完成控制器电路板的图像处理、编码和数据发送功能。

图1-2　典型应用

1.3　EDA 技术的主要内容

EDA 技术的主要内容 1.1 节已经介绍，学习可编程技术，首先必须对可编程器件有一定的了解；其次是用语言设计硬件，必须学习一种硬件描述语言；第三是在 EDA 软件平台上完成设计，必须掌握一种 EDA 开发工具软件。下面就这三个方面作一介绍。

（1）可编程逻辑器件

逻辑器件（Logic Device）是用来实现某种特定逻辑功能的电子器件。最简单的逻辑器件是与门、或门、非门，在此基础上可实现复杂的时序和组合逻辑功能。

可编程逻辑器件（Programmable Logic Device，PLD）是一种由用户编程以实现某种逻辑功能的逻辑器件。PLD 已发展到现在的大规模可编程逻辑器件，按工作原理分为两类：FPGA 和 CPLD。

PLD 是电子设计领域中具有活力和发展前途的一项技术，它能完成任何数字电路的功能，上至高性能的 CPU，下至简单的 74 系列电路。高集成度、高速度和高可靠性是 FPGA/CPLD 最明显的特点，其时钟延时可小至毫秒级。结合其并行工作方式，在超高速应用领域和实时测控方面有着非常广阔的应用前景。

（2）硬件描述语言

硬件描述语言（Hardware Description Language，HDL）是一种用形式化方法描述数字电路和系统的语言。利用这种语言，数字电路系统的设计可以自顶向下逐层描述自己的设计思想，用一系列分层次的模块来表示复杂的数字系统。然后利用 EDA 工具软件，逐层进行仿真验证，经过自动综合工具转换到门级电路网表。再用开发工具自动布局布线，把网表转换为要实现的具体电路布线结构。

HDL 发展至今并成功地应用于设计的各个阶段：建模、仿真、综合和验证等。到 20 世纪 80 年代，已出现了众多的硬件描述语言，如 VHDL、Verilog HDL、Superlog、SystemC、Cynlib C++等，对设计自动化起到了极大的促进和推动作用。20 世纪 80 年代后期，VHDL 和 Verilog HDL 先后成为 IEEE 标准，成为硬件描述语言的主流。

（3）EDA 工具软件

目前比较流行的、最大的 EDA 工具软件厂家是 Xilinx 及 Altera。

Xilinx 的最新工具软件是 ISE Design Suite。

Altera 于 2015 年被 Intel 收购，作为英特尔的新业务部门运营，称为可编程解决方案事业部（PSG）。Altera 的工具软件主要有 MAX+plus II、Quartus II、Quartus Prime。

MAX+plus II 多数支持原理图、硬件描述语言及波形等格式的文件作为设计输入，并支持这些文件的任意混合设计。它具有门级仿真器，可以进行功能仿真和时序仿真，能够产生精确的仿真结果。在适配之后，生成供时序仿真用的不同格式的网表文件。它一度成为国内最流行的 EDA 开发工具，但在 10.2 版本后 Altera 不再推出新版本，改为推广 Quartus II，并且 MAX+plus 不支持新型器件、SOPC Builder、DSP Builder 等。本教材以 Quartus II 为蓝本进行介绍（详见第 3 章）。Quartus Prime 是 Intel 收购后的名称，主要在性能、效率、可用性上有所提升。

1.4 EDA 技术的特点及发展趋势

（1）EDA 技术的特点

利用 EDA 技术进行电子系统设计，具有以下几个特点。

① 用软件的方式设计硬件 设计者可以反复地编程、擦除、使用，或者在外围电路不动的情况下，用不同软件可实现不同的功能。FPGA/CPLD 软件包中有各种输入工具和仿真工具，及版图设计工具和编程器等全线产品，设计人员在很短的时间内就可完成电路的输入、编译、优化、仿真，直至最后芯片的制作。当设计有改动时，更能显示出 FPGA/CPLD 的系统可现场编程、在线升级优势。用软件方式设计的系统到硬件系统的转换，是由有关的开发软件自动完成的，设计人员不需要具备专门的 IC 深层次的知识。EDA 软件易学易用，可以使设计人员更能集中精力进行系统设计，在计算机上完成，周期短，缩短产品的上市时间，能以最快的速度占领市场。

② 研发费用低 早期 EDA 开发软件价格高，但是随着生产技术水平的提高，现在许多 Web 版开发软件可以免费下载，芯片的价格已大大降低。FPGA/CPLD 芯片在出厂之前都做过百分之百的测试，不需要设计人员承担投资风险，设计人员只需在自己的实验室里就可以通过相关的软硬件环境完成芯片的最终功能设计。故 FPGA/CPLD 使用方便，资金投入小，节省了许多潜在的花费，在批量应用时，可显著降低系统成本。

③ 体积小、重量轻、功耗低，提高系统的可靠性 整个系统可集成在一个芯片上，降

低功耗，减少所占的 PCB 空间，使电子系统的尺寸更小、性能更高和成本更低。系统的功耗、体积与电磁干扰（EMI）将大幅降低，同时整个系统的抗干扰特性与可靠度将提高，这对于产品更新速度极快、对电磁干扰与抗干扰能力要求极高而又要求产品具有便携性的电脑、通信及多媒体产品的生产厂家而言，尤其显得意义重大。用 ASIC 芯片进行系统集成后，外部连线减少，因而可靠性明显提高。

④ 可增强保密性　电子产品中的芯片对用户来说相当于一个"黑匣子"，难于仿造。

⑤ 具有自主知识产权　2018 年发生美国制裁中兴事件，其原因是我国芯片技术落后，而用 FPGA 进行设计具有自主知识产权。

⑥ 开发技术的标准化与规范化　应用 EDA 技术开发产品标准、规范。

（2）EDA 技术的发展趋势

随着微电子技术、EDA 技术，以及应用系统需求的发展，FPGA/CPLD 正在逐渐成为数字系统开发的平台，并将在以下方面继续完善和提高：

① 向高密度、大规模、低成本的方向发展；

② 向系统内可重构的方向发展；

③ 向低电压、低功耗的方向发展；

④ 向混合可编程技术方向发展；

⑤ EDA 开发工具进一步发展；

⑥ 用于 PLD 的处理器内核。

1.5　如何学习 EDA 技术

EDA 技术内容多，涉及知识面广，如何才能在有限的时间里快速入门，掌握其设计流程，能完成一定规模的系统设计呢？

其实，EDA 技术的入门比同类课程如单片机要简单得多。学习 EDA 技术的基础要求不高，有数字电路基础，会使用计算机，有程序设计思想，就可以一起学习 EDA 技术了，还可以快速入门，并且入门很容易！本课程可以说没有要求死记硬背的内容（部分记忆内容也是理解性记忆），但是想提高自己的设计能力，成为设计高手，必须深入学习、积累经验。

学习没有捷径，但有方法、有经验。下面给读者一些建议，供参考。

① 学习要有动力、有兴趣，方可学好。本课程应该说是所有电子大类及相关专业应该掌握的技术，未来会像计算机的使用那样普及，人人都会。

② 学习从模仿开始。小孩学说话，没人教他，自己就会了；会下象棋的同学也知道，下棋是可以看会的（仅仅是入门），请模仿老师。

③ 多问几个为什么。学习要思考，才能提高。不能仅仅按照老师或书本上的内容依葫芦画瓢，学而不思则罔。

④ 学习要举一反三，学一个，会一类，才能学有所成。

⑤ 能够顾名思义。看见一个名词、一个定义，先想它的字面意思。学习有联想，可以

事半功倍。

⑥多查资料，学习借鉴别人的东西，站在前人的肩膀上走路。

⑦实践的环节，必须多动手。设计是否正确，不是谁说了算，实践是检验真理的唯一标准！

思考

（1）EDA 技术的学习目标是什么？

（2）EDA 技术的典型特点是什么？

（3）你觉得 EDA 技术的主要发展方向是什么？

第2章 可编程逻辑器件

【学习建议】

EDA 技术内容多，包含可编程逻辑器件、硬件描述语言、开发工具等，其中任何一部分都可以单独设课，我们不能平均花费时间。建议对本章的一般知识以了解、知道为度，重点掌握 FPGA/CPLD 的原理及结构特征。

2.1 概 述

PLD 是 20 世纪 70 年代发展起来的一种新型逻辑器件。其具有集成度高、容量大、速度快、功耗小、可靠性高、设计方法先进、现场可编程等特点，并且几乎能随心所欲地完成用户定义的逻辑功能（do as you wish），还可以加密和重新编程。使用可编程逻辑器件，可以大大简化硬件系统，降低成本，提高系统的可靠性、灵活性和保密性，因此，在通信、数据处理、网络、仪器、工业控制、军事和航空航天等众多领域得到了广泛应用。

早期的可编程逻辑器件，只有可编程只读存储器（PROM）、紫外线可擦除只读存储器（EPROM）和电可擦除只读存储器（E²PROM）三种。由于结构的限制，它们只能完成简单的数字逻辑功能。其后，出现了一类结构上稍复杂的可编程芯片，即可编程逻辑器件（PLD），它能够完成各种数字逻辑功能。典型的 PLD 由一个"与"门和一个"或"门阵列组成，而任意一个组合逻辑都可以用"与-或"表达式来描述，所以，PLD 能以乘积和的形式完成大量的组合逻辑功能。

2.1.1 可编程逻辑器件的发展历程

（1）可编程只读存储器

可编程只读存储器（Programmable Read-Only Memory，PROM）于 1970 年制成，包括一个固定的与阵列，其输出加到一个可编程的或阵列上。PROM 采用熔丝工艺编程，只能写一次，不能擦除和重写。随着技术的发展和应用要求，此后又出现了 UVEPROM（紫外线可擦除只读存储器）、E²PROM（电可擦除只读存储器），其价格低，易于编程，速度低，适合于存储计算机程序、数据和数据表格。用作存储器时，输入用作存储器地址，输出是存储器单元的内容。典型的 EPROM 有 2716、2732 等，结构如图 2-1 所示。

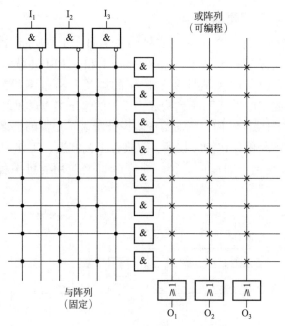

图 2-1　PROM 的阵列结构

（2）可编程逻辑阵列

可编程逻辑阵列（Programable Logic Array，PLA）是 20 世纪 70 年代初期发展起来的一种可编程只读存储器，由一个可编程的"与"阵列和一个可编程的"或"阵列构成。由于是双重编程，先由与阵列编程组成编程与项，再由或阵列编程选取与项，形成最简的与或函数，所以采用 PLA 实现逻辑函数可提高存储单元的利用率。一片 PLD 所容纳的逻辑门可达数百、数千甚至更多，其逻辑功能可由用户编程指定，特别适宜于构造小批量生产的系统，或在系统开发研制过程中使用。但由于器件的资源利用率低，价格较贵，结构编程困难，支持 PLA 的开发软件有一定难度，因而没有得到广泛应用。PLA 的阵列结构如图 2-2 所示。

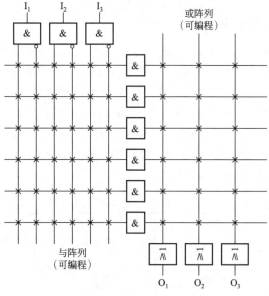

图 2-2　PLA 的阵列结构

（3）可编程阵列逻辑器件

可编程阵列逻辑器件（Programmable Array Logic，PAL）是 1977 年美国 MMI 公司率先推出的，其实现工艺有反熔丝技术、EPROM 技术和 E^2PROM 技术，双极性工艺制造，工作速度高。它结合了 PLA 的灵活性及 PROM 的廉价、易于编程的特点，由一个可编程的"与"阵列和一个固定的"或"阵列构成，或门的输出可以通过触发器有选择地被置为寄存状态，有多种输出和反馈结构，因而给逻辑设计带来了很大的灵活性。它的实现工艺有反熔丝技术、EPROM 技术和 E^2PROM 技术，双极性工艺制造，工作速度快。由于它的输出结构种类很多，设计很灵活，因而成为第一个得到普遍应用的可编程逻辑器件，如 PAL16L8。其阵列结构如图 2-3 所示。

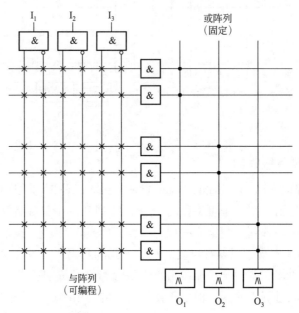

图 2-3　PAL（GAL）的阵列结构

（4）通用阵列逻辑器件

通用阵列逻辑器件（Generic Array Logic，GAL）是 1983 年 Lattice 公司最先发明的可高速反复电擦写、可重复编程、可设置加密位的 PLD。它是在 PAL 器件基础上发展起来的，继承了 PAL 器件的与-或结构，采用了输出逻辑宏单元形式 E^2CMOS 工艺结构，增加了 OLMC 电路（输出逻辑宏单元），由于其内部具有特殊的结构控制字，因而虽然芯片类型少，但编程灵活，功能齐全，使一种型号的 GAL 器件可以对几十种 PAL 器件做到全兼容，给设计者带来了更大的灵活性，因而获得广泛应用，如 GAL16V8、GAL20V8、GAL22V10 等。

以上各种 PLD 的主要区别见表 2-1。

表 2-1　PLD 的主要区别

分类	与阵列	或阵列	输出方式
PROM	固定	可编程	TS（三态），OC（可熔极性）
PLA	可编程	可编程	TS，OC
PAL	可编程	固定	TS，I/O，寄存器反馈
GAL	可编程	固定	用户定义

这些早期 PLD 器件的一个共同特点，是可以实现速度特性较好的逻辑功能，但过于简单的结构，也使它们只能实现规模较小的电路。

（5）现场可编程门阵列/复杂可编程逻辑器件

现场可编程门阵列/复杂可编程逻辑器件（Field Programmable Gate Array/Complex Programmable Logic Device，FPGA/CPLD）是 20 世纪 80 年代中期在 PAL、GAL 等逻辑器件的基础之上发展起来的。Altera 和 Xilinx 分别推出了类似于 PAL 结构的扩展型 CPLD 和与标准门阵列类似的 FPGA，它们都具有体系结构和逻辑单元灵活、集成度高以及适用范围宽等特点，可实现较大规模的电路，编程灵活。与 ASIC 相比，又具有设计开发周期短、设计制造成本低、开发工具先进、标准产品无须测试、质量稳定以及可实时在线检验等优点，被广泛应用于产品的原型设计和产品生产中。几乎所有中小规模通用数字集成电路的场合均可用 FPGA/CPLD 器件替代，因此受到世界范围内电子工程设计人员的广泛关注和普遍欢迎。

FPGA/CPLD 的规模大，可以替代几十甚至几千块通用 IC 芯片，这样的 FPGA/CPLD 实际上就是一个系统或子系统部件。经过几十年的发展，许多公司都开发出了多种可编程逻辑器件。比较典型的是 Xilinx 和 Altera 公司，它们开发较早，占据了较大的 PLD 市场份额。

（6）在系统可编程

在系统可编程（In System Programmability，ISP）的概念首先由美国的 Lattice 公司于 20 世纪 90 年代提出，是指用户具有在自己设计的目标系统中或线路板上，为重构逻辑而对逻辑器件进行编程或反复改写的能力。ISP 技术为用户提供了传统的 PLD 技术无法达到的灵活性，带来了极大的时间效益和经济效益，使可编程逻辑技术发生了实质性飞跃。其具有三个优点：

① 减轻了工程师的原型设计负担，缩短了试制周期，降低了试制成本；

② 方便系统的维护和升级；

③ 提高了系统的可测试性，增强了系统的可靠性。

PLD 的发展，不仅简化了数字系统的设计过程，减小了系统的体积，降低了系统的成本，提高了系统的可靠性和保密性，而且使用户从被动地选用通用芯片，发展到主动地对芯片的设计和使用。设计者更愿意自己设计 ASIC 芯片，而且希望设计周期尽可能短，最好是在实验室里就能设计出合适的 ASIC 芯片，并且立即投入实际应用之中。FPGA/CPLD 的出现从根本上改变了系统设计方法，使各种逻辑功能的实现变得灵活、方便。

（7）ASIC 设计

ASIC（Application Specific Integrated Circuit）是指应特定用户要求和特定电子系统的需要而设计、制造的专用集成电路。通用集成电路一般不能满足全部用户的需要，定制集成电路是解决这个问题的重要途径之一。

ASIC 分为全定制和半定制。

① 全定制集成电路是按照预期功能和技术指标而专门设计制成的集成电路，制造周期长，成本高，制成后不易修改，但性能比较理想，芯片面积小，集成度高。特点是精工细作，设计要求高，周期长，设计成本昂贵。

② 半定制集成电路中，利用可编程技术是 ASIC 发展的一个有特色的分支。其主要特点是直接提供软件设计编程，完成 ASIC 电路功能，不需要再通过集成电路工艺线加工，适合于开发周期短、低开发成本、投资风险小的小批量数字电路设计。由于单元库和功能模块电

路越加成熟，全定制设计的方法渐渐被半定制方法所取代。在现在的 IC 设计中，整个电路均采用全定制设计的现象越来越少。

2.1.2　简单可编程逻辑器件的基本结构

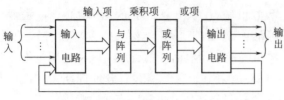

图 2-4　PLD 的基本结构框图

简单 PLD 的基本结构如图 2-4 所示。电路的主体是由门电路构成的与阵列和或阵列。为了适应各种输入情况，与阵列的每个输入端都有输入缓冲电路，从而使输入信号具有足够的驱动能力，并产生原变量 A 和反变量 $\overline{A}$ 两个互补的信息。

2.1.3　可编程逻辑器件的主要分类

（1）按规模分类

PLD 可分为简单的可编程逻辑器件和大规模可编程逻辑器件，如图 2-5 所示。简单的可编程逻辑器件通常是指早期发展起来的、集成密度小于 700 门/片的 PLD，如 ROM、PLA、PAL 和 GAL 等器件。历史上，GAL22V10 是简单的 PLD 和大规模 PLD 的分水岭，一般也按照 GAL22V10 芯片的容量区分。而 FPGA 和 CPLD 则属于大规模可编程逻辑器件。

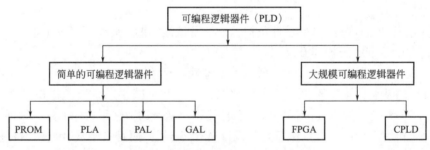

图 2-5　可编程逻辑器件按规模分类

（2）按结构分类

大规模可编程逻辑器件按结构分为 FPGA 和 CPLD 两大类（详见 2.2 节）。

FPGA 具有门阵列的结构形式，它由许多可编程单元（或称逻辑功能块）排成阵列组成，称为单元型 PLD。它基于查找表 LUT（Look-Up Table）技术。由于 SRAM 工艺的特点，掉电后数据会消失，因此调试期间可以用下载电缆配置 PLD 器件，调试完成后，需要将数据固化在一个专用芯片中（称为配置芯片，详见 2.2.6 节），上电时，先由配置芯片对 FPGA 加载数据，十几毫秒到几百毫秒后，FPGA 即可正常工作。SRAM 工艺的 PLD 一般不可以直接加密。

CPLD 的基本结构由与阵列和或阵列组成。简单 PLD（如 PROM、PLA、PAL 和 GAL 等）和 CPLD 都属于阵列型 PLD，是基于乘积项（Product-Term）技术，E^2PROM（或 Flash）工艺的 PLD。目前的 PLD 都可以用 ISP 在线编程，也可用编程器编程。这种 PLD 可以加密，并且很难解密，所以常常用于单板加密。

尽管 FPGA 与 CPLD 和其他类型 PLD 的结构各有其特点和长处，但概括起来，它们是由三大部分组成：

① 一个二维的逻辑块阵列，构成了 PLD 器件的逻辑组成核心；

② 输入/输出块；

③ 连接逻辑块的互连资源，连线资源由各种长度的连线线段组成，其中也有一些可编程的连接开关，它们用于逻辑块之间、逻辑块与输入/输出块之间的连接。

FPGA 与 CPLD 的内部结构稍有不同，但对用户而言，用法一样，所以在多数情况下，可以不加区分。

（3）按编程方式分类

可编程逻辑器件按编程方式分为两类：一次性编程（One Time Programmable，OTP）器件和可多次编程（Many Time Programmable，MTP）器件。

① OTP 器件属于一次性使用的器件，只允许用户对器件编程一次，编程后不能修改。其优点是可靠性与集成度高，抗干扰性强，采用一次性编程的熔丝（Fuse）或反熔丝（Antifuse）元件的可编程器件，如 PROM、PAL 和 EPLD 等。

② MTP 器件属于可多次重复使用的器件，允许用户对其进行多次编程、修改或设计，特别适合于系统样机的研制和初级设计者的使用。

a. 采用紫外线擦除、电可编程元件，即采用 EPROM、UVCMOS 工艺结构的可多次编程器件。

b. 采用电擦除、电可编程元件。其中一种是 E^2PROM，另一种是采用快闪存储器单元（Flash Memory）结构的可多次编程器件。

c. 基于静态存储器 SRAM 结构的可多次编程器件。目前多数 FPGA 是基于 SRAM 结构的可编程器件。

综上所述，ROM 的编程方法是按掩膜 ROM→PROM→EPROM→E^2PROM 次序发展的。通常把一次性编程的（如 PROM）称为第一代 PLD，把紫外光擦除的（如 EPROM）称为第二代 PLD，把电擦除的（如 E^2PROM）称为第三代 PLD。

第二代、第三代 PLD 器件的编程都是在编程器上进行的。ISP 器件的编程工作，可以不用编程器，而直接在目标系统或线路板上进行，因而称第四代 PLD 器件。

2.2　大规模可编程逻辑器件

2.2.1　FPGA 的结构与工作原理

美国的 Xilinx 公司于 1984 年成立，次年推出了世界上第一块 FPGA 芯片——XC2064，从最初的 1200 个可用门，发展到目前几百万门的单片 FPGA 芯片。FPGA 是基于查找表（Look-Up Table，LUT）结构技术、SRAM 生产工艺的 PLD。基于 SRAM 工艺的，在掉电后信息就会丢失，一定需要外加一片专用配置芯片，在上电的时候，由这个专用配置芯片把数据加载到 FPGA 中，然后 FPGA 就可以正常工作。由于配置时间很短，不会影响系统正常工作。

（1）FPGA 的逻辑实现原理

FPGA 是基于 LUT 结构技术的原理来实现逻辑的，其本质是一个 RAM。目前 FPGA 中多使用 4 输入的 LUT，所以每一个 LUT 可以看成一个有 4 位地址线的 16×1 的 RAM。当用户描述了一个逻辑电路后，开发软件会自动计算其所有可能的结果，并先行写入 RAM，这样，每输入一个信号进行逻辑运算，就等于输入一个地址进行查表，找出地址对应的内容，然后输出即可。

表 2-2 是一个 4 输入与门的例子，A、B、C、D 由 FPGA 芯片的引脚输入后进入可编程连线，然后作为地址线连到 LUT，LUT 中已经事先写入了所有可能的逻辑结果，通过地址查找到相应的数据后输出，这样就实现了组合逻辑，PLD 完成了电路的功能。

表 2-2　4 输入与门

实际逻辑电路				LUT 的实现方式	
A, B, C, D 输入		逻辑输出		地址	RAM 中存储的内容
0000		0		0000	0
0001		0		0001	0
…		0		…	0
1111		1		1111	1

对于一个 LUT 无法完成的电路，需要通过进位逻辑将多个单元相连。

（2）特点

基于 LUT 技术和 SRAM 工艺的 FPGA 器件，下载数据将存入 SRAM，而 SRAM 掉电后所存数据将丢失，有如下 5 个特点。

① 掉电易失性。掉电后信息就会丢失。在 FPGA 调试期间，由于编程数据改动频繁，没有必要每次改动都将编程数据下载到 E^2PROM，此时可用下载电缆将编程数据直接下载到 FPGA 内部查看运行结果，这个过程称为在线重配置（In Circuit Reconfigurable，ICR）。调试完成后，需要将数据固化在一个专用芯片中（称为配置芯片，详见 2.2.6 节），上电时，先由配置芯片对 FPGA 加载数据，十几毫秒到几百毫秒后 FPGA 即可正常工作。

② 无限次、快速、动态配置。

③ 相对容量大，单位 LE（逻辑单元）性价比高。

④ 一般不可以直接加密。

⑤ 使用方法相对复杂。

（读者可以联想计算机的内存以帮助记忆）

（3）典型器件——FLEX 10K 系列

灵活逻辑单元矩阵（Flexible Logic Element Matrix，FLEX）系列是 Altera 公司推出的基于 SRAM 编程的现场可编程逻辑器件，具有高密度、在线配置、高速度与连续式布线结构等特点，其集成度达到了 10 万门级，25 万个典型门，5392 个寄存器；采用 0.22μm CMOS SRAM 工艺制造；具有 ICR 特性；在所有 I/O 端口中有输入/输出寄存器；采用 3.3V 或 5.0V 工作模式，是业界首次集成了嵌入式阵列块 EAB 的芯片。所谓 EAB，实际是一种大规模的 SRAM 资源，它可以被方便地设置为 RAM、ROM、FIFO，以及双口 RAM 等存储器。FLEX 10K 在结构上包括：

①嵌入阵列块（EAB）；

②逻辑阵列块（LAB）；

③逻辑单元（LE）；

④快速通道互连（Fast Track）；

⑤I/O 单元（IOE）。

由一组 LE 组成一个 LAB。LAB 按行和列排成一个矩阵，并且在每一行中放置了一个 EAB。在器件内部，信号的互连及信号与器件引脚的连接由 Fast Track 提供，在每行（或每列）Fast Track 互连线的两端连接着若干个 IOE。图 2-6 给出了 FLEX 10K 的结构。

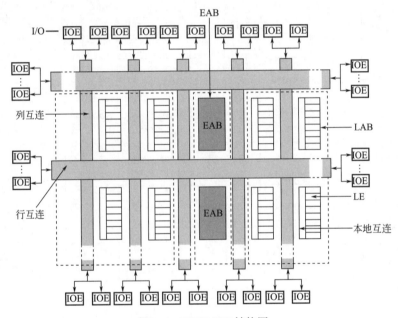

图 2-6　FLEX 10K 结构图

FLEX 10K 系列的特点包括以下几点：

①高密度，典型门数达 10000~250000，逻辑单元数为 576~12160；

②功能更强大的 I/O 引脚，每一个引脚都是独立的三态门结构，具有可编程的速率控制；

③嵌入式阵列块，每个 EAB 提供 2K 比特位，可用来作存储器使用或者用来实现逻辑功能；

④逻辑单元采用查找表结构；

⑤采用连续式的快速通道互连，可精确预测信号在器件内部的延时；

⑥实现快速加法器和计数器的专用进位链；

⑦实现高速、多输入逻辑函数的专用级联链。

表 2-3 列出了 FLEX 10K 系列器件的基本特性。

表2-3　FLEX 10K 系列器件基本特性

器件	封装形式	温度①范围	速度等级	EABs	逻辑单元	寄存器	Memory Bits	Ded. Inputs	I/O脚	配置器件
EPF10K10	84L, 144T, 208Q	C, I	-3, -4	3	576	720	6144	6	53, 96, 128	EPC1, EPC2, EPC4, EPC8, EPC16, EPC1441
EPF10K10A	100T, 144T, 208Q, 256F	C, I	-1, -2, -3	3	576	720	6144	6	60, 96, 128, 144	EPC1, EPC2, EPC4, EPC8, EPC16, EPC1441
EPF10K20	144T, 208R, 240R	C, I	-3, -4	6	1152	1344	12288	6	96, 141, 183	EPC1, EPC2, EPC4, EPC8, EPC16, EPC1441
EPF10K30	208R, 240R, 356B	C, I	-3, -4	6	1728	1968	12288	6	141, 183, 240	EPC1, EPC2, EPC4, EPC8, EPC16, EPC1441
EPF10K30A	144T, 208Q, 240Q, 256F, 356B, 484F	C, I	-1, -2, -3	6	1728	1968	12288	6	96, 141, 183, 185, 240, 240	EPC1, EPC2, EPC4, EPC8, EPC16, EPC1441
EPF10K30E	144T, 208Q, 256F, 484F	C, I	-1, -1X, -2, -3	6	1728	1968	24576	6	96, 141, 170, 214	EPC1, EPC2, EPC4, EPC8, EPC16, EPC1441
EPF10K40	208R, 240R	I	-3, -4	10	2304	2576	16384	6	141, 183	EPC1, EPC2, EPC4, EPC8, EPC16
EPF10K50	240R, 356B	I	-3, -4	10	2880	3184	20480	6	183, 268	EPC1, EPC2, EPC4, EPC8, EPC16
EPF10K50S	144T, 208Q, 240Q, 256F, 356B, 484F	C, I	-1, -1X, -2, -2X, -3	10	2880	3184	40960	6	96, 141, 183, 185, 214, 248	EPC1, EPC2, EPC4, EPC8, EPC16
EPF10K50V	240Q, 240R, 356B, 484F	I	-1, -2, -3, -4	10	2880	3184	20480	6	183, 183, 268, 285	EPC1, EPC2, EPC4, EPC8, EPC16
EPF10K70	240R	I	-2, -3, -4	10	3744	4096	18432	6	183	EPC1, EPC2, EPC4, EPC8, EPC16
EPF10K100A	240R, 356B, 484F, 600B	I	-1, 2, -3	10	4992	5392	24576	6	183, 268, 363, 400	EPC1, EPC2, EPC4, EPC8, EPC16
EPF10K100E	208Q, 240Q, 256F, 356B, 484F	C, I	-1, -1X, -2, -2X, -3	12	4992	5392	49152	6	141, 183, 185, 268, 332	EPC1, EPC2, EPC4, EPC8, EPC16
EPF10K130E	240Q, 356B, 484F, 600B, 672F	C, I	-1, -1X, -2, -2X, -3	16	6656	7120	65536	6	180, 268, 363, 418, 407	EPC1, EPC2, EPC4, EPC8, EPC16
EPF10K200S	240R, 356B, 484F, 600B, 672F	C, I	-1, -1X, -2, -2X, -3	24	9984	10160	98304	6	176, 268, 363, 464, 464	EPC1, EPC2, EPC4, EPC8, EPC16

注: C=0~70℃（商业级）; I=-20~80℃（工业级）。

2.2.2　CPLD 的结构与工作原理

Altera 公司于 1983 年成立并推出第一个演示盒 T-bird Tail Lights，次年推出世界上第一个 CPLD 芯片——EP300。CPLD 是基于乘积项（Product-Term）技术，以及 E^2PROM（或 Flash）工艺的 PLD。

早期的 CPLD 主要用来替代 PAL 器件，所以其结构与 PAL、GAL 基本相同，采用了可编程的与阵列和固定的或阵列结构，再加上一个全局共享的可编程与阵列，把多个宏单元连接起来，并增加了 I/O 控制模块的数量和功能。

20 世纪 90 年代 CPLD 发展更为迅速，不仅具有电擦除特性，而且出现了边缘扫描及在线可编程等高级特性。基于乘积项的 CPLD 基本都是由 E^2PROM 或 Flash 工艺制造的，一上电就可以工作，无需其他芯片配合。

（1）CPLD 的逻辑实现原理

CPLD 是基于乘积项结构原理来实现逻辑运算的，CPLD 采用了可编程的与阵列和固定的或阵列结构。下面以图 2-7 所示电路为例，具体说明 CPLD 是如何利用乘积项结构实现逻辑运算的。

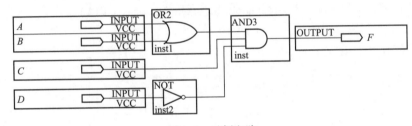

图 2-7　示例电路

假设组合逻辑的输出为 F，则

$$F = (A + B) \times C \times \overline{D} = A \times C \times \overline{D} + B \times C \times \overline{D}$$

CPLD 将以图 2-8 的方式来实现组合逻辑 F。

A、B、C、D 由 PLD 芯片的引脚输入后进入可编程连线阵列（PIA），在内部会产生 A、$\overline{A}$、B、$\overline{B}$、C、$\overline{C}$、D、$\overline{D}$ 八个输出。图中每一个叉表示相连（可编程熔丝导通），所以得到：

$$F = F1 + F2 = (A \times C \times \overline{D}) + (B \times C \times \overline{D})$$

这样组合逻辑就实现了。

对于一个复杂的电路，一个宏单元是不能实现的，需要通过并联扩展项和共享扩展项将

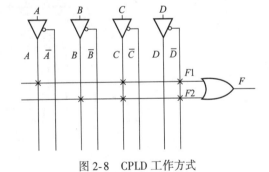

图 2-8　CPLD 工作方式

多个宏单元相连。宏单元的输出也可以连接到可编程连线阵列，再作为另一个宏单元的输入。这样 CPLD 就可以实现更复杂的逻辑。

（2）特点

基于乘积项结构和 E^2PROM（或 Flash）工艺的 CPLD 器件，有如下 5 个特点。

① 掉电非易失性。在下载编程时既可以使用专用下载电缆，也可以用编程器编程。通过专

用电缆把数据下载到 CPLD 器件中，这个过程称为在系统编程（In System Programable，ISP）。

② 有限次编程，速度较慢。

③ 相对容量小，单位宏单元性价比低。

④ 直接加密，保密性好。

⑤ 无须外部存储器芯片，使用简单方便。

（读者可以联想常用的 U 盘以帮助记忆）

（3）典型器件——MAX 7000 系列

MAX 7000 系列是基于 Altera 公司第二代阵列矩阵 MAX 乘积项结构，采用了先进的 CMOS E^{2}PROM 技术制造的 CPLD，密度范围为 600~10000 个可用逻辑门（32~512 个宏单元），速度达 3.5ns 的引脚到引脚延迟，支持 ISP，提供 5.0V、3.3V、2.5V 和 1.8V 核电压。基于其可预见的性能，即用性能力和大量可选封装形式，MAX 7000 是相应密度层次使用最广泛的可编程逻辑解决方案。MAX 7000 在结构上包括：

① 逻辑阵列块（Logic Array Block，LAB）；

② 宏单元（Macrocells）；

③ 扩展乘积项（Expender Product Term）；

④ 可编程连线阵列（Programmable Interconnect Array，PIA）；

⑤ I/O 控制块（I/O Control Block）。

MAX 7000 的结构如图 2-9 所示。

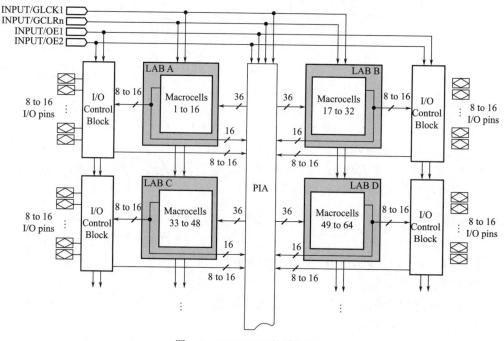

图 2-9　MAX 7000 的结构图

该系列器件主要有以下特点：

① 采用第二代多阵列矩阵（MAX）结构；

② MAX 7000 系列通过标准的 JTAG 接口，支持 ISP；

③ 集成密度为 600~10000 个可用门；

④ 引脚到引脚之间的延时为 6ns，工作频率最高可达 151.5MHz；

⑤ 2.5V、3.3V 或者 5V 电源供电；

⑥ 在可编程功率节省模式下工作，每个宏单元的功耗可降到原来的 50% 或更低；

⑦ 高性能的可编程连线阵列提供一个高速的、延时可预测的互连网络资源；

⑧ 每个宏单元中可编程扩展乘积项可达 32 个；

⑨ 具有可编程保密位，可全面保护用户的设计思想。

表 2-4 列出了 MAX 7000 系列器件基本特性。

表 2-4　MAX 7000 系列器件基本特性

器件	封装形式	温度范围	速度等级	宏单元	寄存器	Ded. Inputs	I/O 脚
EPM7032AE	44L, 44T	C, I	−5, −7, −10	32	32	4	32, 32
EPM7032B	44L, 44T, 49U	C, I	−3, −5, −7	32	32	4	32, 32, 37
EPM7032S	44L, 44T	C, I	−5, −6, −7, −10	32	32	4	32, 32
EPM7064AE	44L, 44T, 100T, 100F	C, I	−5, −7, −10	64	64	4	32, 32, 64, 64
EPM7064B	44T, 49U, 100F, 100T	C, I	−3, −5, −7	64	64	4	32, 37, 64, 64
EPM7064S	44L, 44T, 84L, 100T	C, I	−5, −6, −7, −10	64	64	4	32, 32, 64, 64
EPM7128AE	84L, 100T, 100F, 144T, 256F	C, I	−6, −7, −10, −12	128	128	4	64, 80, 80, 96, 96
EPM7128B	100T, 100F, 144T, 256F	C, I	−4, −7, −10	128	128	4	80, 80, 96, 96
EPM7128S	84L, 100Q, 100T, 160Q	C, I	−6, −7, −10, −15	128	128	4	64, 80, 80, 96
EPM7160S	84L, 100T, 160Q	C, I	−6, −7, −10	128	160	4	60, 80, 100
EPM7192S	160Q	C, I	−7, −10, −15	128	192	4	120
EPM7256AE	100T, 100F, 144T, 208Q, 256F	C, I	−7, −10, −12	256	256	4	80, 80, 116, 160, 160
EPM7256B	100T, 144T, 169U, 208Q, 256F	C, I	−5, −7, −10	256	256	4	80, 116, 137, 160, 160
EPM7256S	208Q, 208R	C, I	−7, −10, −15	256	256	4	160, 160
EPM7512AE	144T, 208Q, 256B, 256F	C, I	−7, −10, −12	512	512	4	116, 172, 208, 208
EPM7512B	144T, 169U, 208Q, 256B, 256F	C, I	−5, −7, −10	512	512	4	116, 137, 172, 208, 208

2.2.3　其他类型的 FPGA 和 CPLD

随着技术的发展，2004 年以后一些厂家推出了新型的 FPGA/CPLD，这些产品模糊了 FPGA 和 CPLD 的区别。例如 Altera 的 MAX Ⅱ 系列 CPLD，是一种基于 FPGA（LUT）结构，集成了配置芯片（CPLD），在本质上是一种在内部集成了配置芯片的 FPGA，但配置时间极短，上电就可以工作，对用户来说，感觉不到配置过程，可以与传统的 CPLD 一样使用，容量和传统 FPGA 类似，Altera 把它归为 CPLD。还有像 Lattice 的 XP 系列 FPGA，也是使用了同样的原理，将外部配置芯片集成到内部，其容量大，也是 LUT 架构，Lattice 仍把它归为 FPGA。

2.2.4　Altera 成熟器件及命名规则

（1）成熟器件

表 2-5 总结了 Altera 成熟器件。

表 2-5　Altera 成熟器件

产品系列	引入时间	密度	工艺节点
CPLD		宏单元	
MAX7000B	2000 年	32~512	0.3μm
MAX7000S	1995 年	32~256	0.3μm
MAX9000	1994 年	320~560	0.42μm
Classic	1990 年	16~48	0.5μm
FPGA		逻辑单元	
ACEX 1K	2000 年	576~4992	0.22μm
APEX Ⅱ	2001 年	16640~67200	0.13μm
APEX 20KC	2000 年	8320~38400	0.15μm
APEX 20KE	1999 年	1200~51840	0.18μm
APEX 20K	1998 年	4160~16640	0.22μm
FLEX 10KE	1998 年	1728~9984	0.22μm
FLEX 10KA	1996 年	576~12160	0.3μm
FLEX 10K	1995 年	576~4992	0.42μm
FLEX 6000/A	1998 年	880~1960	0.42μm/0.3μm
FLEX 8000	1993 年	208~1296	0.42μm
其他		宏单元	
Mercury	2000 年	4800~14400	0.15μm
Excalibur	2000 年	4160~38400	0.18μm
HardCopy APEX	2001 年	16640~51840	0.18μm

（2）命名规则

Altera 使用逻辑单元（LE）来衡量器件拥有的可配置资源（一个小尺寸的 Nios Ⅱ 软核占用大约 600 个 LE）；Xilinx 使用 Logic Cell，同时也使用系统门数（system gates）来标志器件的型号。Altera 用 EP 做前缀，Xilinx 用 XC。后面 2S 表示 Spartan Ⅱ，2C 表示 Cyclone Ⅱ，以此类推，Virtex Ⅱ 就是 2V，Stratix Ⅱ 就是 2S。之后跟的数字，Xilinx 使用系统门数表示的可用资源，以 K 作为单位；而 Altera 使用 LE 来标志的可用资源，单位是个，不是 K。Altera 从推出的 APEX Ⅱ 系列器件起，采用基于逻辑单元的器件命名方法定义可编程逻辑产品。按照新的器件命名方法，每一器件的型号中都有一个以千为单位的数字代表逻辑单元的近似数目。

PQ208、TQ144 等都是封装了。I/C 表示工业/经济型。要注意的是 Speed Grade，Xilinx 的 Speed Grade 对于 CPLD 和 FPGA 是不同的，CPLD 的 Speed Grade 就是延时时间，所以越小越好，而 FPGA 则相反，越大越好。Altera 的 Speed Grade 是越小越快。

对于内部 RAM，Altera 将它们分成 M512、M4K、M-RAM。Cyclone 中的是 M4K，而 Stratix 中同时拥有三种内部 RAM 块，这样的结构被称之为 TriMatrix。Xilinx 使用 Block RAM。

例如开发板 DE2 上的芯片是 EP2C35F672C6，EP 表示是 Altera 的芯片，2C 表示 Cyclone Ⅱ，35 表示大约有 35000 个 LE，F 为 FineLine BGA（FBGA）封装，672 个 I/O 脚，C 为民用型，速度等级为 6。我们可以从器件名称获知器件的基本信息！

图 2-10 和图 2-11 分别是 Altera 和 Xilinx 器件命名示例。

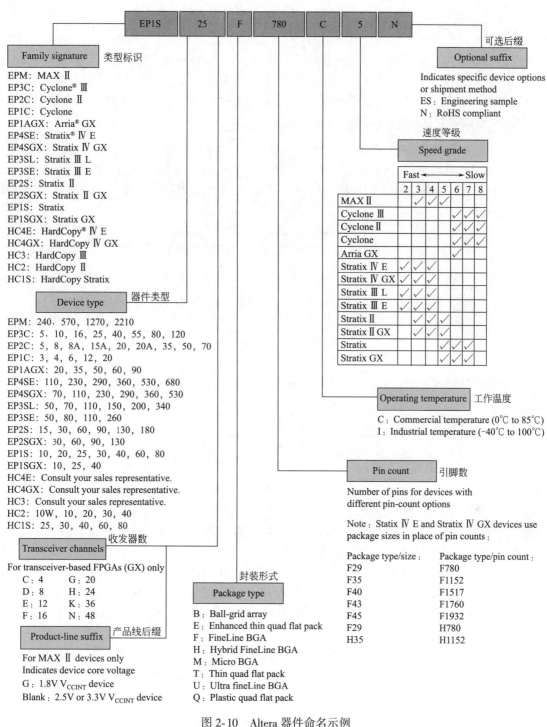

图 2-10　Altera 器件命名示例

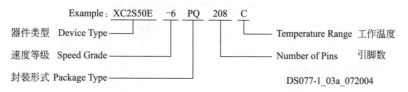

图 2-11　Xilinx 器件命名示例

2.2.5 FPGA 和 CPLD 器件选择

在设计电子系统前，应做好包括系统设计、方案论证和器件选择准备等工作。根据所设计项目的功能，初步定义 I/O 端口；根据器件本身的资源、系统延迟时间、系统速度要求、连线的可布性及成本等方面进行权衡，以选择合适的 FPGA/CPLD 器件，使器件在资源和速度上能够满足所设计电子系统的需求。

（1）选择 FPGA 还是 CPLD

根据 FPGA/CPLD 的内部结构和生产工艺，可以知道其不同的特征，表 2-6 罗列了 CPLD 与 FPGA 的主要区别。简而言之，CPLD 适合于设计组合逻辑，而 FPGA 适合于设计时序逻辑。

表 2-6 CPLD 与 FPGA 的区别

器件	FPGA	CPLD
内部结构	Look-up Table（查找表）	Product-term（乘积项）
程序存储	SRAM，外挂 EEPROM	内部 EEPROM
资源类型	触发器资源丰富	组合电路资源丰富
集成度	高	低
布线	非连续式	连续式
使用场合	复杂的算法	控制逻辑
速度	快	慢
其他资源	EAB，锁相环	—
保密性	一般不能保密	可加密
单元性价比	高	低

（2）选型原则

数字系统逻辑功能设计之前的一个重要问题，就是 FPGA/CPLD 器件的选型，包括厂商的选择，以及器件系列和型号的选择。

每个 FPGA/CPLD 厂商，都有自己特有的核心技术和相应的产品。对于继承性产品的开发，尽量使用熟悉并一直使用的 FPGA/CPLD 厂商的产品；对于新产品的开发，则可以根据待设计系统的特点和要求，以及各种 FPGA/CPLD 器件的特性，初步选择 FPGA/CPLD 厂商和产品系列。

另外，还可以根据 FPGA/CPLD 芯片成本，来选择 FPGA/CPLD 器件厂商和产品系列。比如 Altera 的 Stratix 系列和 Xilinx 的 Virtex 系列，属于高性能产品；而 Altera 的 Cyclone 和 Xilinx 的 Spartan 系列，则属于低成本 FPGA 器件。

（3）型号的选择

选择具体型号的 FPGA/CPLD 时，需要考虑的因素较多，包括引脚数量、逻辑资源、片内存储器、功耗、封装形式等。另外，为了保证系统具有较好的可扩展性和可升级性，一般应留出一定的资源余量。

（4）外围器件的选择

FPGA/CPLD 选定之后，还要根据它的特性，为其选择合适的电源芯片、片外存储器芯片、配置信息存储器等多种器件。在系统设计和开发阶段，应该尽量选择升级空间大、引脚兼容的器件。在产品开发后期，再考虑将这些外围器件替换为其他的兼容器件，以降低成本。

2.2.6　Altera 配置芯片简介

基于 SRAM 工艺的 FPGA，具有掉电易失性。需要外加专用芯片，在上电的时候，由这个专用芯片把数据加载到 FPGA 中，然后 FPGA 就可以正常工作。称这种芯片为配置芯片。

（1）标准型配置器件

标准型配置器件所提供的功能特性，主要包括 ISP、在很广的密度范围内进行 MultiVolt I/O 操作、小外形封装和高速编程等，为低密度的 FPGA 提供了低廉的解决方案。标准型配置器件包括 EPC2、EPC1、EPC1441、EPC1213、EPC1064 和 EPC1064V，其中 EPC2 属于闪存（Flash Memory）器件，具有可擦写功能，而 EPC1、EPC1441、EPC1213、EPC1064 和 EPC1064V 基于 EPROM 结构，是 OTP 器件。

（2）增强型配置器件

Altera 推出的包括 EPC4、EPC8 和 EPC16 器件在内的增强型配置器件，拥有高达 30Mbit（带压缩）的配置存储器，属于闪存器件，并为大容量 FPGA 提供单器件一站式的解决方案。拥有丰富功能的增强型配置器件，允许进行远程的系统升级，支持 ISP，将未使用的存储器用作通用存储器，可以大幅度降低配置所需时间。增强型配置器件的特性主要包括数据压缩、动态配置、8bit 的并行配置、外部闪存接口、ISP、时钟可编程和堆叠式芯片技术。

（3）串行配置器件

Altera 公司的串行配置器件容量大，尺寸小，价格低。

Altera 公司的串行配置器件是业界低价格的配置器件。串行配置器件的价格传统上总是和低价位 FPGA 相比较，一般是在 FPGA 的 30%～50% 之间，而 Altera 公司的新型串行配置器件的价格只有对应 FPGA 的 10% 左右，其价格甚至比一次性编程的解决方案更便宜。

串行配置器件系列包括 EPCS1、EPCS4、EPCS16、EPCS64 和 EPCS128 五个产品，分别提供 1Mbit、4Mbit、16Mbit、64Mbit 和 128Mbit 的存储容量。串行配置器件具有包括 ISP 和 Flash 存储器访问接口等先进特性，8、16 引脚小外形封装，增加了在低价格、小面积应用领域的使用机会。

2.3　Altera 新型系列器件简介

2.3.1　Stratix 系列高端 FPGA 简介

40nm 高性能、高端 FPGA，带有 11.3Gbps 收发器的 Stratix Ⅳ。

Stratix 系列是密度最高、性能最好、功耗最低的 FPGA。Stratix Ⅳ GT、Stratix Ⅳ GX、Stratix Ⅳ E 三种型号，满足了大规模设计的各种应用需求。Stratix Ⅳ GT 集成了 11.3Gbps 收发器，是 10G/40G/100G 应用唯一的单芯片解决方案。Stratix Ⅳ GX 实现了前所未有的系统带宽，具有优异的信号完整性。Stratix Ⅳ E 适合于密度最高的非收发器应用。所有 Stratix 型号包括业界效率最高、性能最好的逻辑、嵌入式存储器和 DSP 功能。此外，Stratix Ⅳ GX 和 Stratix Ⅳ E 器件通过可集成 6.5Gbps 收发器的 HardCopy Ⅳ ASIC，实现了无缝、低风险量产，是高端芯片系统（SoC）设计的最佳总体解决方案。表 2-7 介绍了 Stratix 系列推出的基本情况。

表 2-7　**Stratix 系列介绍**

器件系列	Stratix	Stratix GX	Stratix Ⅱ	Stratix Ⅱ GX	Stratix Ⅲ	Stratix Ⅳ	Stratix Ⅴ	Stratix 10
推出时间	2002 年	2003 年	2004 年	2005 年	2006 年	2008 年	2010 年	2013 年
工艺技术	130nm	130nm	90nm	90nm	65nm	40nm	28nm	14nm 三栅极

2.3.2　Arria 系列中端 FPGA 简介

面向高端应用、低成本、低功耗，带有 3.75Gbps 收发器的 **Arria Ⅱ**。

Arria Ⅱ 是 Altera 的第二个系列 40nm FPGA，以低成本实现了高端 FPGA 的功能。Arria 系列包括 Arria GX 和 Arria Ⅱ GX 器件，其中 Arria GX 是中端 FPGA 系列。Arria Ⅱ GX 高性能架构含有 3.75Gbps 收发器，提供自适应逻辑模块（ALM）、丰富的数字信号处理（DSP）资源、嵌入式 RAM 和硬核 PCIe IP 内核，并内置了 PCIe 接口，支持纵向移植，片内收发器支持串行数据在高频下的输入/输出，提高了系统带宽。Arria Ⅱ GX 适用于对成本和功耗敏感的收发器应用，可在小型设计中得到最合适的可编程逻辑、外部存储器接口和收发器，适合 3G 应用，例如远程射频前端、演播和接入设备等。表 2-8 列出了 Arria 系列器件基本资源对比情况。

表 2-8　**Arria 系列收发器基本资源对比**

特性	Arria GX	Arria Ⅱ GX
等价逻辑单元	21580~90227	15950~256500
自适应逻辑模块	8632~36088	6380~102600
RAM 总容量/Kbits	1229~4477	783~8550
嵌入式 18×18 乘法器	40~176	56~736
最大用户 I/O 数量	235~538	250~612
收发器数据范围/Mbps	600~3125	600~3750
收发器通道	4~12	4~16
PCI Express 硬核 IP 模块	—	1

2.3.3　Cyclone 系列低端 FPGA 简介

65nm、低成本 FPGA 的 **Cyclone Ⅲ**。

Cyclone Ⅲ 是 Cyclone 系列的第三代产品，采用 TSMC 的 65nm 低功耗（LP）工艺技术，包括 8 个型号，容量在 5K~120K 逻辑单元（LE）之间，最多 534 个用户 I/O 引脚，具有 4-Mbit 嵌入式存储器、288 个嵌入式 18×18 乘法器、专用外部存储器接口电路、锁相环（PLL）以及高速差分 I/O 等，为成本敏感的各种大批量应用提供多种器件和封装选择，结温在-40~125℃之间，支持各种工作环境。Cyclone 系列同时实现了低功耗、低成本和高性能，进一步扩展了 FPGA 在成本敏感大批量领域中的应用，其体系结构具有丰富的逻辑、存储器和 DSP 资源，对芯片和软件采取了更多的优化措施，提供丰富的特性推动宽带并行处理的发展，从视频和图像处理到显示和无线通信，都有广泛的应用。表 2-9 介绍了Cyclone Ⅲ 系列的基本资源情况。

表 2-9　Cyclone Ⅲ FPGA 基本资源情况简介

器件	EP3C5	EP3C10	EP3C16	EP3C25	EP3C40	EP3C55	EP3C80	EP3C120
逻辑单元	5136	10320	15408	24624	39600	55856	81264	119088
M9K 嵌入式存储器模块	46	46	56	66	126	260	305	432
RAM 总容量/Kbits	424	424	516	608	1161	2396	2811	3981
嵌入式 18×18 乘法器	23	23	56	66	126	156	244	288
PLL	2	2	4	4	4	4	4	4
最大用户 I/O 引脚数量	181	181	345	214	534	376	428	530
差分通道	70	70	140	83	227	163	181	233

2.3.4　MAX Ⅱ 系列低成本 CPLD 简介

突破性体系结构、成本最低的 CPLD MAX Ⅱ。

MAX Ⅱ 器件基于一种突破性体系结构，结合了 PFGA 和 CPLD 的优点。它充分利用了LUT 体系结构的性能和密度优势，并且融合了性价比很高的非易失特性，提高了 I/O 焊盘受限空间的逻辑容量，大大降低了系统功耗、体积和成本，采用最优的 0.18μm 6 层金属内容工艺。MAX Ⅱ 器件系列面向低密度通用逻辑应用，适合接口桥接、I/O 扩展、器件配置和上电排序等功能，提供 MAX Ⅱ、MAX Ⅱ G、MAX Ⅱ Z 三种型号。表 2-10 列出了 MAX Ⅱ 器件系列的基本特性。

表 2-10　MAX Ⅱ 系列特性

成本最优的体系结构	创新的 MAX Ⅱ 体系结构，密度是竞争 CPLD 的 4 倍，而价格减半
低功耗/零功耗	功耗不断降低，系统可靠性不断提高。新的零功耗 MAX Ⅱ Z 器件实现了业界最低的功耗（待机和动态）
密度最高的 CPLD	在单个低成本器件中实现更多的应用功能
超小型封装	0.5mm 间隔球栅阵列（BGA）封装。与竞争 CPLD 相比，单位电路板上（mm²）集成的用户 I/O 引脚和逻辑多出 50%。MAX Ⅱ Z 器件采用了两种新的超小型 Micro FineLine BGA（MBGA）封装，和传统宏单元 CPLD 相比，相同的体积中密度是其 6 倍，I/O 资源是其 3 倍
上电即用和非易失	单芯片解决方案，成本和电路板尺寸不断减小
用户闪存	通过在 MAX Ⅱ 器件中集成多个分立的串行或者并行非易失存储器，使系统成本和芯片数量降到最低
实时 ISP	器件工作时便可以进行升级，从而降低维护成本
MultiVolt 内核	工作在 1.8V、2.5V 或 3.3V 供电电压下，减少了电源数量，简化了电路板设计
MultiVolt I/O 接口	在 1.5V、1.8V、2.5V 或 3.3V 逻辑级上与其他器件无缝连接
并行闪存装入	通过使用 MAX Ⅱ 器件来配置外部与 JTAG 不兼容的快闪器件，简化了电路板管理

2.3.5　HardCopy ASIC 系列简介

40nm、带有 6.5Gbps 收发器的 HardCopy Ⅳ。

HardCopy Ⅳ ASIC 系列同时具有 FPGA 和 ASIC 的优势，在当今的前沿 ASIC 技术领域，风险最低，总成本也最低，而产品面市最快，并且能够以 Stratix Ⅳ 系列 FPGA 进行无缝原型开发。包括 HardCopy Ⅳ GX、HardCopy Ⅳ E 两种型号，分别达到了 11.5M 和 13.3M ASIC 逻辑门，存储器为 20.3Mbit，HardCopy Ⅳ GX ASIC 的 36 个收发器通道带宽达到 6.5Gbps。HardCopy Ⅳ 系列满足了无线、固网、高性能计算、高可靠性计算、存储、军事等领域各种市场的不同需求。

基于 Stratix 系列 FPGA 进行原型开发，在 HardCopy ASIC 设计交付之前，可以准备好系统和系统软件/固件。一次设计使用一个寄存器传送级（RTL）、一组 IP 内核和一种工具，其独特的流程支持真正的硬件/软件协同设计和协同验证，同时完成 FPGA 和 ASIC 设计。TSMC 和 Altera 联合开发实现了预内建设计，便于进行生产和大批量设计，具有很高的可靠性。HardCopy 后端流程支持 Altera 插入测试设计，包括固定型故障覆盖率、延迟故障覆盖率、存储器测试和 JTAG 支持的 I/O 测试等。由于所有的插入测试都是由 HardCopy 设计中心进行管理，因此，设计团队不需要在设计测试上花费任何时间。而且，也不用在可生产性设计和量产设计上花费时间。

2.4　FPGA/CPLD 器件的配置与编程

通常，将对 FPGA 的数据文件下载过程称为配置（Configure），而对 CPLD 的数据文件下载过程称为编程（Program）。

2.4.1　下载电缆

目前，Altera 的下载电缆主要有 ByteBlaster Ⅱ、ByteBlaster MV 并口下载电缆、USB Blaster USB 口下载电缆、MasterBlaster 串行/USB 通信电缆。下载电缆既可用于 FPGA 器件的 ICR，也可用于 CPLD 器件的 ISP。下面重点介绍 ByteBlaster 并口下载电缆。

ByteBlaster 并口下载电缆连接到 PC 机 25 针 LPT 标准接口，它由以下几部分组成：与 PC 机并口相连的 25 针插头、与用户 PCB 板相连的 10 针插头，以及 25 针到 10 针的变换电路。要下载的数据文件从 PC 机并口通过 ByteBlaster 电缆下载到电路板上的器件中，其连接方法如图 2-12 所示。

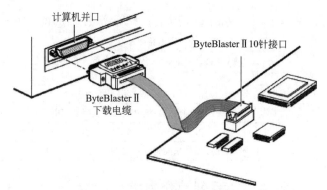

图 2-12　并口下载电缆连接示意图

（1）ByteBlaster 25 针插头

ByteBlaster 与 PC 机并口相连的是 25 针插头，它在 PS 模式下和在 JTAG 模式下的引脚信号定义是不同的，见表 2-11。

表 2-11　ByteBlaster 25 针插头的引脚信号定义

引脚	PS 模式下的信号名称	JTAG 模式下的信号名称
2	DCLK	TCK
3	nCONFIG	TMS
8	DATA0	TDI
11	CONF-DONE	TDO
13	nSTATUS	NC
15	GND	GND
18~25	GND	GND

（2）ByteBlaster 10 针插座

ByteBlaster 下载电缆的 10 针插座与含有 FPGA/CPLD 目标器件的 PCB 板上的 10 针插头相连接。PCB 板上的 10 针插头分成两排，每排 5 个引脚，连接到器件引脚上（器件的引脚名与 10 针插座的引脚信号名称相同）。表 2-12 列出了 10 针插座在 PS 模式下和在 JTAG 模式下的引脚信号定义。

表 2-12　ByteBlaster 10 针插座的引脚信号定义

引脚	1	2	3	4	5	6	7	8	9	10
PS 模式	DCLK	GND	CONF-DONE	VCC	nCONFIG	NC	nSTATUS	NC	DATA0	GND
JTAG 模式	TCK	GND	TDO	VCC	TMS	NC	NC	NC	TDI	GND

（3）ByteBlaster 数据变换电路

在 ByteBlaster 下载电缆中，其变换电路实际上只有一个 74LS244 驱动芯片和几个电阻，变换电路原理如图 2-13 所示。

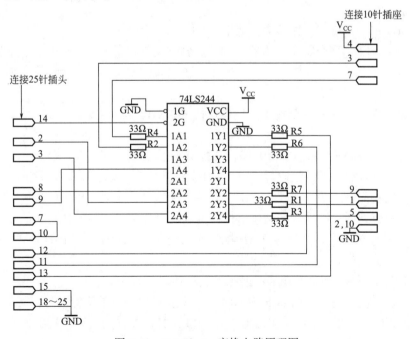

图 2-13　ByteBlaster 变换电路原理图

2.4.2　配置与编程模式

Altera 器件的配置方式可分为主动串行（AS）、被动串行（PS）、被动并行同步（PPS）、被动并行异步（PPA）和 JTAG 模式。主动配置方式由专用配置器件引导配置操作过程，而被动配置方式由外部计算机或控制器控制配置过程。其中 PS 和 JTAG 模式最为常用。

（1）PS 模式

在 PS 模式中，配置数据从数据源通过 ByteBlaster 下载电缆串行地送到 FPGA，配置数据的同步时钟由数据源提供。配置文件是编译器在项目编译时自动产生的 SRAM 目标文件（.sof）。下面以 FLEX 10K 器件为例介绍 PS 模式对器件的配置情况。其连接如图 2-14 所示，主要配置引脚如下。

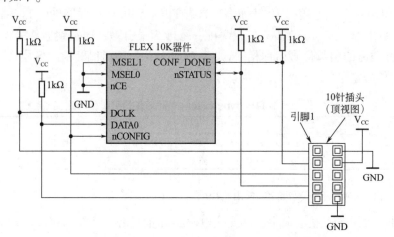

图 2-14　PS 模式下 ByteBlaster 下载电缆对 FLEX 器件的配置

① MSEL1、MSEL0　输入脚，接地。

② nSTATUS　命令状态下为器件的状态输出。加电后，FLEX 10K 立即驱动该引脚到低电位，然后在 100ms 内释放它。nSTATUS 必须经过 1kΩ 电阻上拉到 V_{CC}，如果配置中发生错误，FLEX 10K 将其拉低。

③ nCONFIG　配置控制输入。低电位使 FLEX 10K 器件复位，在由低到高的跳变过程中启动配置。

④ CONF_DONE　双向漏极开路。在配置前和配置期间为状态输出，FPGA 将其驱动为低。所有配置数据无误差接收后，FLEX 10K 将其置为三态，由于有上拉电阻，所以将变为高电平，表示配置成功。在配置结束且初始化开始时，CONF_DONE 为状态输入：若配置电路驱动该引脚到低，则推迟初始化工作；输入高电位则引导器件执行初始化过程并进入用户状态。CONF_DONE 必须经过 1kΩ 电阻上拉到 V_{CC}，而且可以将外电路驱动为低以延时 FLEX 10K 初始化过程。

⑤ DCLK　输入脚。为外部数据源提供时钟。

⑥ nCE　使能输入。当 nCE 为低时，使能配置过程。单片配置时，nCE 必须始终为低。

⑦ nCEO　输出（专用于多片器件）。FLEX 10K 配置完成后，输出为低。在多片级联配置时，驱动下一片的 nCE 端。

⑧ DATA0 数据输入，在 DATA0 引脚上的一位配置数据。

在 PS 配置方式中，由 ByteBlaster 下载电缆或微处理器产生一个由低到高的跳变送到 nCONFIG 引脚，然后编程硬件或微处理器将配置数据送到 DATA0 引脚，该数据锁存至 CONF_DONE 变为高电位。编程硬件或微处理器先将每字节的最低位 LSB 送到 FLEX 10K 器件，当 CONF_DONE 变为高电位后，DCLK 用多余的 10 个周期来初始化该器件（器件的初始化由下载电缆自动执行）。在 PS 方式中没有握手信号，故配置时钟的工作频率必须低于 10MHz。

（2）JTAG 模式

JTAG（Joint Test Action Group）是 1985 年制定的检测 PCB 和 IC 芯片的一个标准，1990 年被修改后成为 IEEE 的一个标准，即 IEEE 1149.1—1990。通过这个标准，可对具有 JTAG 接口芯片的硬件电路进行边界扫描和故障检测。在 JTAG 模式下，利用 ByteBlaster 下载电缆，可以实现 FPGA/CPLD 器件的 ICR 和 ISP。下面举例说明 JTAG 模式下 ByteBlaster 下载电缆对 FPGA/CPLD 器件的配置或编程情况。

① JTAG 模式下 ByteBlaster 下载电缆对 FPGA 器件的配置 通过 ByteBlaster 电缆，将编译过程中产生的 SRAM 目标文件（.sof）直接下载到目标器件 FPGA 中。以 FLEX 10K 器件为例，其连接如图 2-15 所示。器件的配置是经过 JTAG 引脚 TCK、TMS、TDI 和 TDO 完成的，所有其他 I/O 引脚在配置过程中均为三态。

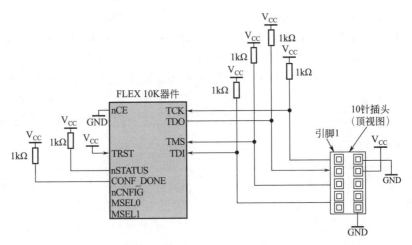

图 2-15 JTAG 模式下 ByteBlaster 下载电缆对 FPGA 器件的配置

注：FIEX 10K 的 144 引脚 TQEP 封装器件没有 TRST 信号脚，些时 TRST 信号可以忽略，nCONFIG、MSEL0、MSEL 应根据 FLEX 10K 的配置方案进行连接。如果仅仅使用 JTAG 配置模式，则 nCONFIG 连到 V_{CC}，MSEL0 和 MSEL1 连到地

JTAG 引脚定义如下。

a. TCK 测试时钟输入。

b. TDI 测试数据输入，数据通过 TDI 输入 JTAG 口。

c. TDO 测试数据输出，数据通过 TDO 从 JTAG 口输出。

d. TMS 测试模式选择，TMS 用来设置 JTAG 口处于某种特定的测试模式。

e. 可选引脚 TRST 输入引脚，用于测试复位，低电平有效。

② JTAG 模式下 ByteBlaster 下载电缆对 CPLD 器件的编程 通过 ByteBlaster 电缆，将编译过程中产生的编程目标文件（.pof）直接下载到目标器件 CPLD 中。以 MAX 9000 器件为

例，其连接如图 2-16 所示。器件的配置也是经过 JTAG 引脚完成的，所有其他 I/O 引脚在编程过程中均为三态。

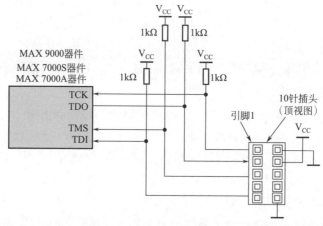

图 2-16　JTAG 模式下 ByteBlaster 下载电缆对 CPLD 器件的配置

当用户电路板上具有多个支持 JTAG 接口的 FPGA/CPLD 器件时，要求一个具有 JTAG 接口模式的插座连接到几个支持 JTAG 接口的 FPGA/CPLD 器件，如 ByteBlaster 的 10 针阴插座。JTAG 链中器件的数目受限于 ByteBlaster 电缆的驱动能力，当器件数目超过 5 个时，建议对 JTAG 引脚信号进行缓冲。当用户电路板包含多个 FPGA/CPLD 目标器件时，或者对用户电路板进行 JTAG 边界扫描测试时，采用 JTAG 链进行编程是最理想的。

为了在 JTAG 链中对 FPGA/CPLD 器件进行配置或编程，可通过编程软件，将 JTAG 链中的所有其他器件（包括非 Altera 器件）设定为旁路（Bypass）模式。在旁路模式下，编程软件仅对选定的目标器件进行编程与校验。Altera 公司的 FPGA 和 CPLD 能够放在同一个 JTAG 链中进行编程和配置。

2.4.3　配置方式

FPGA 的在线配置方式一般有两类：一是通过下载电缆由计算机直接对其进行配置；二是通过配置芯片对其进行配置。在应用现场，不可能在 FPGA 每次上电后通过 PC 机手动进行配置，这时，应采用上电自动加载配置。为此，Altera 提供了专用配置芯片（详见 2.2.6 节），对 FPGA 进行上电自动加载配置。

在选用配置芯片时，应根据 FPGA 器件的容量，决定配置芯片及其数目（可查阅 Quartus Ⅱ 开发工具 Help 中的 Devices and Adapters 栏目）。

（1）使用专用配置器件配置 FPGA 器件

专用配置器件对 FPGA 器件的配置电路如图 2-17 所示。

配置器件的控制信号（如 nCS、OE 和 DCLK 等）直接与 FPGA 器件的控制信号相连。所有的器件不需要任何外部智能控制器，就可以由专用配置器件进行配置。配置器件的 OE 和 nCS 引脚，控制着 DATA 输出引脚的三态缓存，并控制地址计数器的使能。当 OE 为低电平时，配置器件复位地址计数器，DATA 引脚为高阻状态。nCS 引脚控制着配置器件的输出：如果在 OE 复位脉冲后，nCS 始终保持高电平，计数器将被禁止，DATA 引脚为高阻；当 nCS 变低电平后，地址计数器和 DATA 输出均使能；OE 再次变低电平时，不管 nCS 处于何种状态，地址计数器都将复位，DATA 引脚置为高阻态。

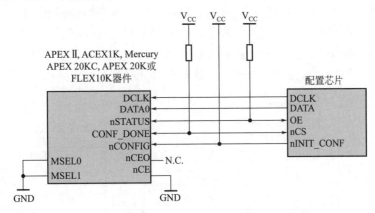

图 2-17　专用配置器件对 FPGA 器件的配置电路图

对图 2-17 说明如下。

① 同样的上拉电阻应该连接到配置器件的电源。

② 所有的上拉电阻为 1kΩ（APEX 20KE、APEX 20KC 系列器件例外，它们的上拉电阻为 10kΩ）。用户对 EPC16、EPC8 和 EPC2 芯片的 OE 和 nCS 引脚，可配置内部上拉电阻，如果这些引脚使用了内部上拉电阻，则不能再使用外部上拉电阻。

③ nINIT_CONF 引脚仅对 EPC16、EPC8 和 EPC2 芯片有效。如果 nINIT_CONF 无效（如在 EPC1 中）或未使用，则 nCONFIG 应该直接或经上拉电阻连到 V_{CC}。

④ nINIT_CONF 引脚的内部上拉电阻对 EPC16、EPC8 和 EPC2 芯片总是有效的，故 nINIT_CONF 引脚不需要外部上拉电阻，nCONFIG 必须通过 10kΩ 上拉电阻连到 VCCINT 引脚。

⑤ nCEO 引脚悬空。

⑥ 为了保证 APEX 20KE 和其他配置器件在加电时成功配置，nCONFIG 上拉到 VCCINT 引脚。

⑦ 配置 APEX 20KE 器件时，为了隔离 1.8V 和 3.3V 电源，在 APEX 20KE 器件的 nCONFIG 引脚与配置芯片的 nINIT_CONF 引脚之间加一个二极管。二极管门限电压应小于等于 0.7V，二极管会使 nINIT_CONF 引脚成为开漏引脚，仅能驱动低电平及三态。

⑧ EPC16、EPC8 和 EPC2 芯片不应用于配置 FLEX 6000 系列器件。

允许多个配置器件配置单个和多个 FPGA。对多个 FPGA 器件的配置电路与对单个 FPGA 器件的配置电路类同：多个 FPGA 器件级联时，第一个器件的 nCEO 脚连到第二个器件的 nCE 脚，其他引脚与专用配置芯片的连接方式和单个 FPGA 器件配置电路图的连接方式相同。

（2）利用微处理器配置 FPGA

在具有微处理器的系统中，可以使用微处理器系统的存储器来存储配置数据，并通过微处理器配置 FPGA，这种方法几乎不增加成本，并且具有较好的设计保密性和可升级性。下面介绍微处理器系统中连接方式较简单的 PS 配置模式。图 2-18 是其电路连接图。

微处理器将 nCONFIG 置低再置高来初始化配置。当检测到 nSTATUS 变高后，微处理器将配置数据和移位时钟分别送到 DATA0 和 DCLK 引脚，送完配置数据后，检测 CONF_

DONE 是否变高，若未变高，说明配置失败，应该重新启动配置过程。当检测 CONF_DONE 变高后，微处理器根据器件的定时参数，再送一定数量的时钟到 DCLK 引脚，待 FPGA 初始化完毕后进入用户模式。如果微处理器具有同步串口，DATA0、DCLK 使用同步串口的串行数据输出和时钟输出，这时只需把数据锁存到微处理器的发送缓冲器。在使用普通 I/O 口输出数据时，微处理器每输出 1 个比特，就要将 DCLK 置低再置高产生一个上升沿。

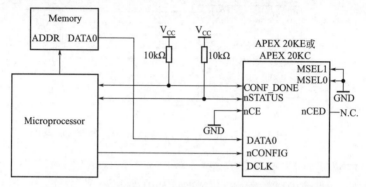

图 2-18　PS 模式下微处理器对 FPGA 器件的配置电路图

思考

（1）早期的可编程逻辑器件有哪几类？

（2）请用自己的语言分别描述 FPGA 与 CPLD 的工作原理及结构特征。

（3）请描述配置与编程的特征。

第3章 Quartus Ⅱ设计基础

【学习建议】

　　Quartus Ⅱ功能强大，对应之，使用相对复杂。初学者一方面不要畏难，不要害怕英文界面，事实上愿意学习的都能很好掌握；另一方面学习有一个渐进的过程。建议大家掌握设计流程，记住基本概念，如工程、顶层文件、当前文件等。

3.1 概　述

　　EDA 技术的核心是利用计算机完成电子设计全程自动化。因此，EDA 开发工具在应用中占据十分重要的位置。目前比较流行的、主流厂家的 EDA 软件工具有 Altera 的 MAX+plus Ⅱ、Quartus Ⅱ，Xilinx 的 ISE Design Suite 等。

　　由于美国 Altera 公司在中国大力推广其"大学计划"，武汉职业技术学院是国内第一个与 Altera 联合成立实验室的职业技术学院。

（1）MAX+plus Ⅱ

　　MAX+plus Ⅱ的全称是 Multiple Array Matrix AND Programmable Logic UserSyste Ⅱ（阵列矩阵及可编程逻辑用户系统Ⅱ）。现在的 MAX+plus Ⅱ是第 3 代产品，最高版本为 10.2，其界面友好，使用便捷，可随时访问在线帮助文档，使用户能够快速轻松地掌握和使用。这使它深得用户的青睐，被誉为业界最易学易用的 EDA 软件。其主要特点如下：

　　① 开放式的接口；

　　② 提供了一种与结构无关的设计环境；

　　③ 完全集成化；

　　④ 模块化工具；

　　⑤ 丰富的设计库；

　　⑥ 支持硬件描述语言；

　　⑦ MegaCore 功能；

　　⑧ OpenCore 特点；

　　⑨ 可在多种平台运行。

（2）Quartus Ⅱ

Quartus Ⅱ是Altera提供的新一代FPGA/CPLD开发集成环境，它继承了MAX+plus Ⅱ的全部优点并有更为强大的功能。它可在多种平台运行，具有运行速度快、界面统一、功能集中强大等特点。除了可以使用Tcl脚本完成设计流程外，提供了完善的用户图形界面设计方式；支持Altera的IP核，包含LPM/MegaFunction宏功能模块库；包含SignalTap Ⅱ、Chip Editor和RTL Viewer等设计辅助工具，集成了SOPC和HardCopy设计流程；通过DSP Builder工具与Matlab/Simulink相结合，可以方便地实现各种DSP应用系统；支持工作组环境下的设计要求，包括支持基于Internet的协作设计；支持第三方EDA开发工具，Quartus平台与Cadence、ExemplarLogic、MentorGraphics、Synopsys和Synplicity等EDA供应商的开发工具相兼容；改进了软件的LogicLock模块设计功能，增添了FastFit编译选项，推进了网络编辑性能，而且提升了调试能力。Quartus Ⅱ集系统级设计、嵌入式软件开发、可编程逻辑设计于一体。其强大的设计能力和直观易用的接口，越来越受到数字系统设计者的欢迎。

3.2　Quartus Ⅱ的安装与授权

3.2.1　系统要求

仅Quartus Ⅱ 9.0安装包就约有2.4G大小，加上其他工具软件，必须是一张DVD才能容纳。Quartus Ⅱ支持Windows Vista（32位和64位）、Windows XP（32位和64位）、Windows XP Professional x 64版、Red Hat Enterprise Linux 4（32位和64位）、Red Hat Enterprise Linux 5（32位和64位）、SUSE Linux Enterprise 9（32位和64位）、CentOS 4（32位和64位）、CentOS 5（32位和64位）等多种操作系统。全部安装Altera设计套装9.0完整版，需要大约7.8 GB的硬盘空间，并且在TEMP目录中还需要大约30MB的硬盘空间。

3.2.2　Quartus Ⅱ的安装

① 将Quartus Ⅱ的安装盘放入到计算机的DVD光驱中，Quartus Ⅱ安装盘将自动启动安装界面，如图3-1所示。如果没有自动启动安装界面，可以打开DVD安装盘，用鼠标左键双击其根目录下的install.exe文件。

② 选择单击"Install subscription package"或"Install free package"（两者区别是前者需授权，而后者是免费的），进入安装向导界面，如图3-2所示。

③ 在图3-2所示界面，可以自行选择希望安装的软件及安装方式：推荐方式（Recommended install）或定制方式（Custom install）。单击Next>按钮，进入如图3-3所示界面。

④ 在图3-3所示界面，选择接受容许协议，单击Next>按钮，进入如图3-4所示界面。

⑤ 在图3-4所示界面，自行输入用户及公司名称，单击Next>按钮，进入图3-5所示界面。

⑥ 在图3-5所示界面，选择安装路径，单击Next>按钮，进入图3-6所示界面。

⑦ 在图 3-6 所示界面，选择程序文件夹，单击 Next>按钮，进入安装流程。

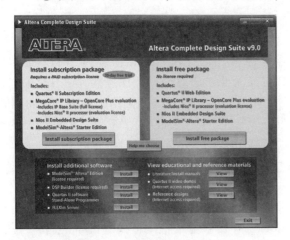

图 3-1　安装启动界面

图 3-2　安装软件及方法选择

图 3-3　选择接受容许协议

图 3-4　输入用户及公司名称

图 3-5　选择安装路径

图 3-6　选择程序文件夹

3.2.3　Quartus Ⅱ 的授权

（1）授权文件及其申请

Altera 软件订购许可包含 PC 单机订购许可（FIXEDPC）和浮动网络订购版许可（FLOATALL）。其他工具，如 MegaCore IP、Nios Ⅱ C 语言至硬件加速器（C2H）编译器、DSP Builder，必须另行授权许可（注：从 8.1 版本开始，Quartus Ⅱ 网络版和 ModelSim-Altera

图 3-7　运行 cmd 文件

网络版软件不再需要许可）。下面以 FIXEDPC 为例，介绍基于网卡（NIC）号的订购许可。

① 首先在 Windows 下单击"开始 → 运行（…）"，出现如图 3-7 所示界面，输入"cmd"并单击"确定"，出现如图 3-8 所示命令提示符界面。

② 在命令提示符下输入"ipconfig/all"，可以找到 12 位十六进制 NIC 号码，它是为 Quartus Ⅱ 或 MAX+plus Ⅱ 提供许可的 Windows 工作站的标识号

码。当您要获取许可文件时，需要使用 PC 的 NIC 号码，您的 NIC 号码是去掉连字号"-"后的物理地址数字，如图 3-8 中的 00-16-76-49-B5-17。

图 3-8　获取 NIC 号码

③ 在网站 http://www.altera.com.cn/support/licensing/lic-choose.html 页面输入您的 NIC 号码（如 00167649B517），如图 3-9 所示，单击"获取订购许可"，进入图 3-10 所示界面。

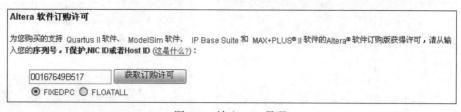

图 3-9　输入 NIC 号码

在图 3-10 中输入您自己的电子邮件地址，并单击"Submit"提交，会看到如图 3-11 所示的提示，告诉在电子邮件中会收到"许可"的反馈信息。

图 3-10　输入电子邮件地址

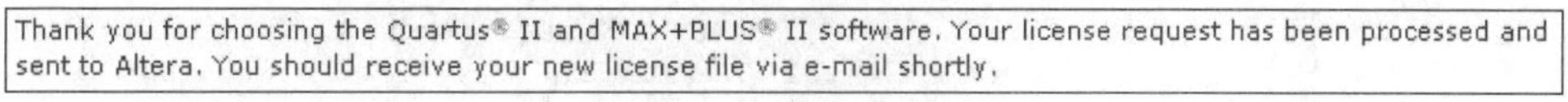

Thank you for choosing the Quartus® II and MAX+PLUS® II software. Your license request has been processed and sent to Altera. You should receive your new license file via e-mail shortly.

图 3-11　反馈信息

（2）设置授权文件

① 在电子邮件中可以看到一个后缀名为 dat 的授权文件（编者收到的是"GA774357-1.dat"），把它保存在 Quartus II 的安装目录（如 c:\altera）。授权文件可以用记事本打开查看，如图 3-12 所示。

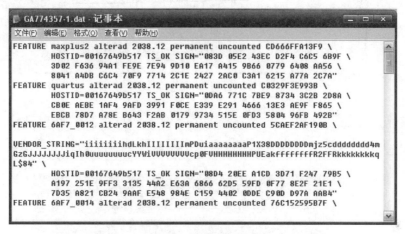

图 3-12　查看授权文件

② 第一次双击打开 Quartus，会自动弹出 License 设置界面，如图 3-13 所示。选择"If you have a valid license file, specify the location of your license file"，单击"OK"，进入如图 3-14 所示界面。

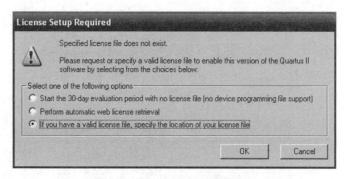

图 3-13　License 选择界面

③ 在图 3-14 所示界面中，单击"License file"右侧的"…"，选择授权文件，单击"OK"；或者选择"Use LM_LICENSE_FILE variable"，在 Windows 中选择单击"控制面板→系统

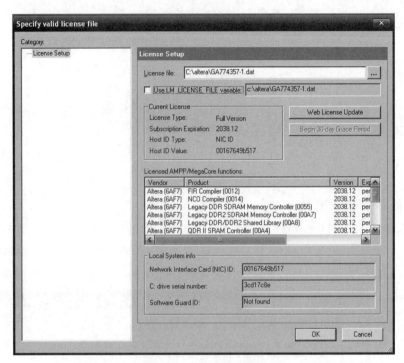

图 3-14　选择授权文件

（系统属性）→高级→环境变量"，选择单击"新建（N）"，在对话框输入变量名为"LM_
LICENSE_FILE"，变量值为"c:\altera\GA774357- 1.dat"，并单击"确定"，如图 3- 15
所示。

图 3-15　通过环境变量指定授权文件

3.3　Quartus Ⅱ 设计流程

对于目标器件为 FPGA/CPLD 的可编程逻辑器件，在设计电子系统项目前应做好设计前的准备工作。准备工作包括系统设计、设计方案论证和器件选择等。要根据所设计电子系统项目的功能，初步定义 I/O 端口，根据器件本身的资源、系统延迟时间、系统速度要求、连线的可布性及成本等方面进行权衡，以选择合适的 FPGA/CPLD 器件，使器件在资源和速度上能够满足所设计电子系统的需求。

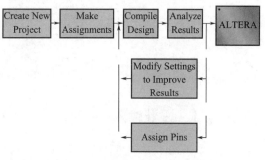

图 3-16　Quartus Ⅱ设计基本流程

使用 Quartus Ⅱ 软件设计 FPGA/CPLD 的基本流程如图 3-16 所示（该图来源于 Quartus Ⅱ 用户手册），它主要由输入、编译、仿真、下载和器件测试 4 部分组成。

图 3-17 是 Quartus Ⅱ编译器的主控界面，它显示了 Quartus Ⅱ进行自动化设计的各主要处理环节，包括分析并综合（Analysis & Synthesis）、适配（Fitter）、编程文件汇编（Assembler）及时序分析（Classic Timing Analyzer）。

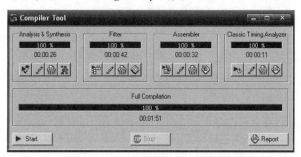

图 3-17　Quartus Ⅱ编译器的主控界面

FPGA/CPLD 器件的设计一般可以分为设计输入、设计实现、下载编程和设计校验四个步骤，如图 3-18 和图 3-19 所示。

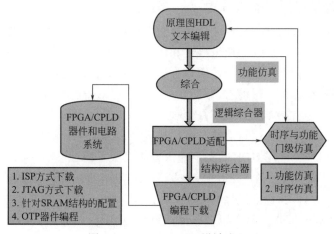

图 3-18　FPGA/CPLD 设计流程

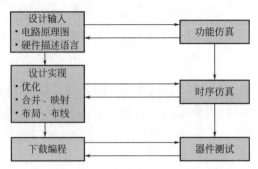

图 3-19　简化版 FPGA/CPLD 设计流程

3.3.1　设计输入

设计输入就是将所设计的电路，以 EDA 开发软件（如 Altera 公司的 MAX+plus Ⅱ 和 Quartus Ⅱ、Xilinx 公司的 Foundation 等）所要求的某种形式表达出来，并输入到相应的软件中。设计输入有多种表达方式，主要包括原理图输入方式、硬件描述语言输入方式、波形设计输入方式，其中最常用的是原理图输入和硬件描述语言输入两种方式。

（1）原理图输入方式

利用 EDA 开发软件提供的图形编辑器，以原理图的方式进行输入。原理图是图形化的表达方式，使用元件符号和连线等符号来描述设计。原理图输入方式是最早主要采用的、传统的设计输入法，现在依然大量使用。此法适用于自底向上（Bottom-Up Design）的板级系统的集成设计。其优点是直观，便于电路的调整且容易实现仿真，初学者比较容易掌握，所画的电路原理图与传统的器件连接方式基本相同，很容易被人接受，而且开发软件中有许多现成的单元器件可以利用，自己也可以根据需要设计元件。这种方式适用于对系统及各部分电路很熟悉的情况，或在系统对时间特性要求较高的场合。但当系统功能较复杂时，原理图输入方式效率很低，随着设计规模增大，设计的易读性迅速下降，电路结构的改变将十分困难，移植性差。其应用特点是适合描述连接关系和接口关系，而描述逻辑功能则很繁琐。为提高这种输入方式的效率，应采用自顶向下（Up-Bottom Design）逻辑分块，把大规模的电路划分成若干小块的方法。

（2）硬件描述语言输入方式

硬件描述语言输入方式与传统的计算机软件语言的编辑输入基本一致。这种方式采用文本方式描述设计，具有很强的逻辑描述和仿真功能，而且输入效率高，在不同的设计输入库之间转换非常方便，但不适合描述接口和连接关系。任何支持 HDL 的 EDA 开发软件都支持文本方式的编辑和编译。目前常用的 HDL 硬件描述语言有 VHDL、Verilog-HDL、ABEL-HDL 和 AHDL 等，它们支持布尔方程、真值表、状态机等逻辑描述方式，适合描述计数器、译码器、比较器和状态机等的逻辑功能，在描述复杂设计时，非常简洁，具有很强的逻辑描述和仿真功能。可以说，应用 HDL 的文本输入方法克服了原理图输入法存在的弊端，为 EDA 技术的应用和发展打开了一个广阔的天地。当然，HDL 文本输入必须依赖综合器，只有好的综合器，才能把语言综合成优化的电路。

目前有些 EDA 输入工具可以把图形的直观与 HDL 的优势结合起来。如状态图输入的编辑方式，就是用图形化状态机输入工具，以图形的方式表示状态图，当填好时钟信号名、状态转换条件、状态机类型等要素后，就可以自动生成 VHDL/Verilog 程序。又如，在原理图输入方式中，可以调用 VHDL 描述的电路模块，直观地表示系统的总体框架，再用自动HDL 生成工具生成相应的 VHDL/Verilog 程序。但总体上看，HDL 输入设计仍然是最基本、最有效和最通用的输入方法。

3.3.2　设计实现

设计实现主要由 EDA 开发软件依据设计输入文件，自动生成用于器件编程、波形仿真及延时分析等所需的数据文件。欲把设计输入文件与器件的可实现性挂钩，首先需要利用EDA 软件系统的综合器进行逻辑综合，然后进行器件的布局、布线和适配，最后生成下载文件——JEDEC 格式熔丝图文件或 Jam 格式位流数据文件，统称为数据文件。

（1）逻辑综合

综合（Synthesis）是将电路的高级语言描述转换成低级的、可与 FPGA/CPLD 器件结构相映射的电路网表文件，是软件描述与硬件实现的一座桥梁。

综合器的功能就是将设计者在 EDA 开发软件上完成的针对某个系统项目的 HDL、原理图或状态图的描述，针对给定硬件结构组件和约束控制条件，进行编译、优化、转换和综合，最终获得门级电路，甚至更底层的电路描述文件。由此可见，综合器工作前，必须给定最后实现的硬件结构参数，它的功能就是将软件描述与给定硬件结构用某种网表文件的方式联系起来。

综合器这一阶段包括以下内容。

① 语法检查和设计规则检查　设计输入完成之后，在编译过程中首先进行语法检验，如检查原理图有无连线错误，信号有无重复来源，文本输入文件中关键字有无错误等，并及时列出错误信息报告供设计者修改；然后进行设计规则检验，检查总的设计有无超出器件资源或规定的限制，并将编译报告列出，指明违反设计规则的信息。

② 网络表提取　在编译环节中，要根据仿真的设置进行网络表的提取。若进行功能仿真，则打开功能仿真器网络表文件提取器；若要进行模拟仿真，则打开定时模拟器网络表文件提取器。

③ 逻辑优化和综合　逻辑方程的优化，可使设计所占用的资源最少。综合的目的是将多个模块化设计文件合并为一个网表文件，并使层次设计平面化。

对输入的 HDL 文件进行综合时，要求 HDL 源文件中的语句都是可综合的。由于 VHDL仿真器的行为仿真功能是面向高层次的系统仿真，只能对 VHDL 的系统描述做可行性的评估测试，不针对任何硬件结构，因此基于这一仿真层次的许多 VHDL 语句不能被综合器所接受。这就是说，这类语句的描述无法在硬件系统中实现（至少是现阶段），这时，综合器不支持的语句在综合过程中将忽略掉。但综合器对 VHDL 源文件的综合是针对 PLD 公司的某一产品系列，因此，综合后的结果可以为硬件系统所接受，具有硬件可实现性。对输入的HDL 文件进行综合后，HDL 综合器一般都可以生成一种或多种文件格式的网表文件。

（2）器件适配

适配器也称为结构综合器。其功能是将由综合器产生的网表文件配置于指定的目标器件中，产生可供器件编程使用的最终的数据文件。

逻辑综合通过后，必须利用适配器将综合后的网表文件针对某一具体的目标器件进行逻辑映射操作，其中包括底层器件配置、逻辑分割、逻辑优化、逻辑布局与布线。适配完成

后，可以利用适配所产生的仿真文件做精确的时序仿真，同时产生最终的下载文件（JEDEC 格式熔丝图文件或 Jam 格式位流数据文件）。

适配和分割工作将设计分割为多个便于适配的逻辑小块形式，映射到器件相应的宏单元中。如果整个设计不能装入一片器件，可以将整个设计自动分割成多块并装入同一系列的多片器件中去。分割工作可以全部自动实现，也可以部分或全部由用户控制。划分时，应使所需器件数目尽可能少，同时应使用于器件之间通信的引脚数目最少。

布局和布线工作是在设计检验通过以后由软件自动完成的，它能以最优的方式对逻辑元件布局，并准确地实现元件间的互连。布线以后，软件会自动生成布线报告，提供有关设计中各部分资源的使用情况等信息。

适配对 CPLD 器件而言，将产生 JEDEC 格式熔丝图文件；对 FPGA 器件，则产生 Jam 格式位流数据文件。适配所选定的目标器件（FPGA/CPLD 芯片），必须属于原综合器指定的目标器件系列。通常，EDA 软件中的综合器可由专业的第三方 EDA 公司提供，而适配器则需由 FPGA/CPLD 公司自己提供，因为适配器的适配对象直接与器件结构相对应。

3.3.3　编程下载

将适配后生成的数据文件，通过编程器或下载电缆下载到目标芯片 FPGA/CPLD 中，以便进行设计验证和调试。

对 CPLD 器件来说，是将 JEDEC 格式熔丝图文件下载到 CPLD 器件中去，对 FPGA 来说，是将 Jam 格式位流数据文件下载到 FPGA 器件中去。通常，将针对 FPGA 中的 SRAM 进行数据文件下载称为配置（Configure），而对 CPLD 的数据文件下载称为编程（Program），但对于 OTP FPGA 的下载和对 FPGA 的专用配置 ROM 的下载，仍称为编程。

通过 Quartus Ⅱ 的编程器（Programmer），将编程文件下载到实际芯片中，最后测试其实际运行性能。在设计过程中，如果出现错误或希望更好地改善设计，则需重新回到设计输入阶段，改正错误或调整电路后重复上述过程。

3.3.4　设计验证

仿真用来验证设计项目的逻辑功能是否正确，包括功能仿真、时序仿真和定时分析。Quartus Ⅱ 的定时分析器用来分析器件引脚及内部结点间的信号传输延时、时序逻辑的性能（最高工作频率、最小时钟周期）及器件内部各种寄存器的建立/保持时间。在上述设计过程中，可以同时进行多种设计验证，包括设计仿真和器件测试。

（1）设计仿真

仿真是指在下载编程前利用 EDA 开发软件工具对适配生成的结果进行模拟测试。具体地说，对设计进行仿真，是让计算机根据一定的算法和一定的仿真库对 EDA 设计进行模拟，以验证设计是否正确，排除错误。设计仿真是 EDA 设计过程中的重要步骤，它包括功能仿真和时序仿真。

① 功能仿真　功能仿真是直接对 HDL、原理图或其他描述形式的设计文件进行逻辑功能测试与模拟，以了解其实现的功能是否满足原设计的要求，仿真过程不涉及具体器件的硬件特性，不经历综合与适配阶段，在设计项目编译后即可进入门级仿真器进行模拟测试。直接进行功能仿真的好处是设计耗时短，对硬件库、综合器等没有任何要求。如对规模比较大的设计项目进行仿真，在计算机上的综合与适配过程很耗时，如果每一次修改后的模拟验证

都必须进行时序仿真，将极大地降低开发效率。因此，通常的做法是，首先进行功能仿真，待确认设计文件所表达的功能满足原有设计目标时，再进行综合、适配和时序仿真。

②时序仿真　该仿真是在选择了具体器件并完成布局、布线之后进行的时序关系仿真，因此又称后仿真。它是接近真实器件运行特性的仿真，仿真文件中已包含了器件的硬件特性参数，因而仿真精度高。但时序仿真的仿真文件必须来自针对具体器件的综合器与适配器，综合后所得的 EDIF 等网表文件，通常作为 FPGA 适配器的输入文件，产生的仿真网表文件中包含了精确的硬件延迟信息。

由于不同器件的内部延时不一样，不同的布局、布线方案也给延时造成不同的影响，因此在设计处理以后，对系统和各模块进行时序仿真，分析其时序关系，估计设计的性能以及检查和消除竞争冒险等，是非常有必要的。

对设计进行仿真的最大功能，是便于用户查看自己的设计思想是否得到实现。用户可以在设计的过程中对整个系统乃至各个模块进行仿真，即在计算机上用软件验证连接功能是否正确，各部分的时序配合是否准确。如果发现问题，用户可以很方便地返回设计阶段，修改设计错误，最终达到设计要求，从而不必在硬件上做改动，极大地节约了成本。越复杂的设计，越需要设计仿真。仿真不消耗资源，仅消耗少许时间，极大地降低了设计风险，节约了设计成本，因而仿真是必需的。

（2）器件测试

器件测试是将已下载了数据文件的 FPGA/CPLD 的硬件系统进行统一测试，以便最终验证设计项目在目标系统上的实际工作情况，以排除错误、改进设计。

3.4　Quartus Ⅱ 设计实例

为在以后的设计中避免不必要的麻烦，应遵循如下命名原则：

① 见名知意；

② 不要用中文及中文符号；

③ 不能使用保留字；

④ 尽可能采用短文件名格式；

⑤ 不可重名。

3.4.1　输入设计与编译

本节以一位全加器原理图输入设计为例，重点介绍 Quartus Ⅱ 的输入设计与编译。

（1）设置工程

首先建立工作库目录（如 c:\my_EDA\H_add），以便存储工程项目设计文件。任何一项设计都是一项工程（Project），必须为此工程建立一个放置与此工程相关信息的文件夹，此文件夹被默认为工作库（Work Library）。一个目录，Quartus Ⅱ 只允许有一个工程；同一工程的所有文件，建议放在同一目录中。

①设置工程（Project）　选择菜单 File→New Project Wizard…命令，即弹出"工程设置"对话框，如图 3-20 所示。

第一行的 C:\myEDA\H_add 表示工程所在的工作库文件夹；第二行的 H_add 表示工程名，工程名也可直接用顶层文件的实体名，在此就是按这种方式命名；第三行是当前工程顶层文件的实体名，这里为 H_add。也可以单击此对话框右侧的"…"选择或直接输入。

提示　工程有集体的概念，可以有很多文件，可以做很多事；相当于班集体，可以有很多位同学，可以学很多课程。

顶层文件相当于班长，是可以更换的。

---

② 加入设计文件　单击 Next>按钮，在弹出的对话框中单击 File name：栏的"…"，选择与工程相关的文件，单击 Add 按钮进入此工程，即得到如图 3-21 所示的情况。

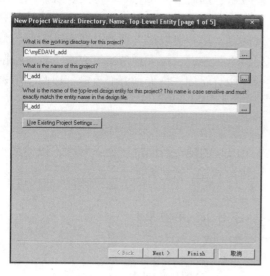

图 3-20　利用向导创建工程

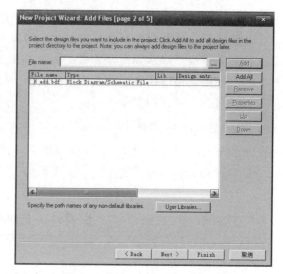

图 3-21　将相关文件加入工程

③ 选择目标芯片　单击 Next>按钮，选择目标芯片。首先在 Device Family 栏选择芯片系列，在此选 Cyclone II 系列。再在 Available devices：中选择此系列的具体芯片，此处为 EP2C35F672C6，如图 3-22 所示。

提示　器件一定是 EP2C35F672C6，否则无法进行硬件实验！

---

④ 选择仿真器和综合器类型　单击 Next>按钮，这时弹出的对话框是选择仿真器和综合器类型，NONE 为默认项，表示选择 Quartus II 自带的仿真器和综合器。在此都选择 NONE。

⑤ 完成设置　单击 Next>按钮后，即弹出"工程设置统计"对话框，列出了此项工程相关设置情况。最后单击 Finish 按钮，完成设置，并出现 H_add 的工程管理窗，显示本工程项目的层次结构和各层次的实体名。

Quartus II 将工程信息存储在工程配置文件（.qsf）中，包括设计文件、波形文件、SignalTap II 文件、内存初始化文件，以及构成工程的编译器、仿真器的软件构建设置等有关 Quartus II 工程的所有信息，如图 3-23 所示。

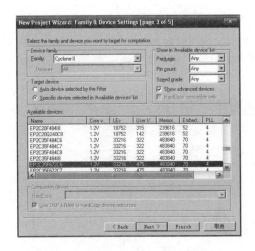

图 3-22   选择目标器件 EP2C35F672C6

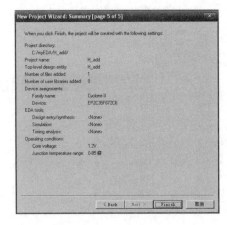

图 3-23   完成设置

（2）输入设计

① 打开编辑窗口   选择菜单 File→New 命令。在弹出的 New 对话框中选择 Design Files 的 Block Diagram/Schematic File，如图 3-24 所示。

② 放置元件   在原理图编辑窗中的任何空白处双击鼠标左键，跳出 Symbol 选择窗（或单击右键选择 Insert→Symbol…），出现元件选择对话框，如图 3-25 所示。

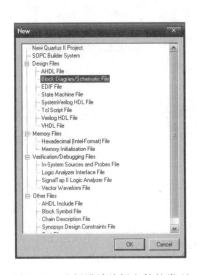

图 3-24   选择设计编辑文件的类型

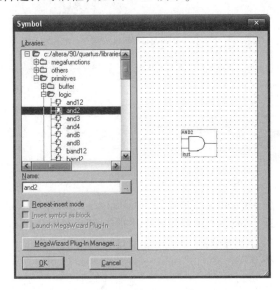

图 3-25   选择元件

元件选择对话框中 Libraries：的路径 c:/altera/90/quartus/libraries/primitives 下为基本逻辑元件库，双击，选中你需要的元件（如 and2）；或者在 Name：中直接输入元件名称（and2），单击 OK 按钮。你需要的元件会出现在原理图编辑窗中。

为了设计半加器，分别调入元件 AND2、NOT、XNOR、INPUT 和 OUTPUT。

如果安放相同元件，只要按住 Ctrl 键，同时用鼠标拖动该元件。

③ 添加连线，引脚命名   把鼠标移到引脚附近，则光标自动由箭头变位"十"字，按住鼠标左键拖动，即可画出连线。双击 INPUT 和 OUTPUT 的 PIN- NAME，使其变黑色，再

输入各引脚名：ain、bin、co 和 so。

④ 保存原理图　单击 File→Save As…按钮，出现保存选择窗口，选择自己的目录（如 c:\my_EDA\H_add），以合适名称保存原理图，其扩展名为 .bdf。本处取名 H_add.bdf，如图 3-26 所示。

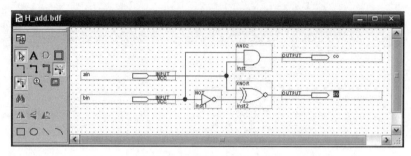

图 3-26　一位半加器原理图

完成设置后可以看到窗口左上角显示出所设文件工程路径的变化，如图 3-27 所示。

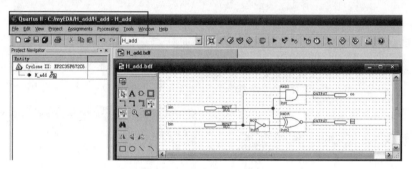

图 3-27　完成设置后情况

提示　①、②步骤可以交换顺序。但是必须要有工程，没有工程什么事也做不了！

（3）全程编译

Quartus Ⅱ 编译器（Compiler）是由一系列处理模块构成的，其功能包括网表文件的提取、设计文件的排错、逻辑综合、逻辑分配、适配（结构综合）、时序仿真文件提取和编程下载文件装配，以及基于目标器件的工程时序分析等。编译器首先检查出工程设计文件中可能的错误信息，供设计者排除，然后产生一个结构化的以网表文件表达的电路原理图文件、功能和时序信息文件、器件编程的目标文件等。

在编译前，设计者可以通过各种不同的设置，指导编译器使用各种不同的综合和适配技术（如时序驱动技术等），以便提高设计项目的工作速度，优化器件的资源利用率。而且在编译过程中及编译完成后，可以从编译报告窗中获得所有相关的详细编译结果，以利于设计者及时调整设计方案。

单击 Processing→Start Compilation，开始编译。

编译过程中，要注意工程管理窗口下方的 Processing 栏中的编译信息。如果工程中的文件有错误，启动编译后在下方的 Processing 处理栏中会显示出来。可双击错误提示，即弹出对应用深色标记的相关错误位置，再次进行编译直至排除所有错误。注意，如果发现报出多条错误信息，每次只要检查和纠正最上面报出的错误，因为许多情况下，都是由于某一种错误导致了多条错误信息报告。

如果编译成功，可以见到如图 3-28 所示的工程管理窗口的左上角显示的工程 H_add 的层次结构。单击其中各项，可以详细了解编译与分析结果。如单击 Flow Summary 项，将在右栏显示硬件耗用统计报告（当前工程耗用了 2 个 LEs、0 个内部 RAM 位）等；单击 Timing Analyzer 项的"+"号，则能看到当前工程所有相关时序特性报告；单击 Fitter 项的 "+"号，则能看到当前工程所有相关硬件特性适配报告。

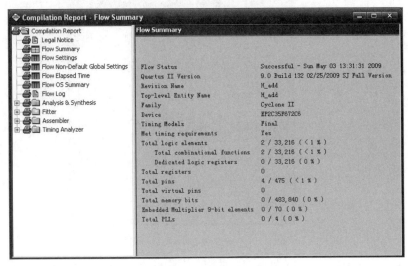

图 3-28　编译报告

（4）包装元件入库

编译通过后，单击 File→Create/update→Create Symbol Files for Current File，当前文件变成了一个包装好的自己的单一元件（半加器：H_add. bsf），并被放置在工程路径指定的目录中以备后用。

（5）用两个半加器及一个或门构成一位全加器

将上述（1）~（4）步的工作看成是完成了的一个底层元件，并被包装入库。接下来利用自己设计好的两个半加器及一个或门来构成一位全加器，完成原理图输入、连线、引脚命名、器件选择、保存、项目设置、编译等过程，完成顶层项目全加器的设计，如图 3-29 所示。

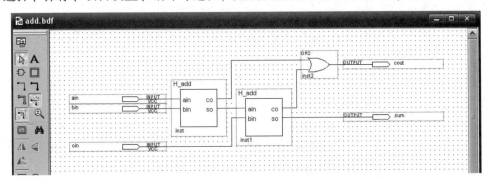

图 3-29　一位全加器 add 顶层文件

重复上述（2）~（3）步骤的工作，编译并完成全加器 add 顶层文件的设计。

提示　可以新建工程，也可以援用半加器的工程来完成全加器的设计。

放置元件半加器时，单击 Symbol 中 Name：后"…"图标，选择路径 c:\myEDA\H_add 下的 H_add. bsf，如图 3-30 所示。

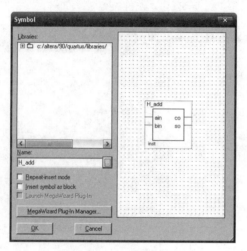

图 3-30　调入 H_add

3.4.2　仿真及时序分析

在学习仿真之前，先来看几个问题：

① 我们为什么要仿真？

② 仿真是必做项目吗？

③ 有同学问：我编译都通过了，怎么还错了？

④ 还有同学很高兴地说：老师，我仿真通过了！

你知道以上问题的正确答案吗？让我们带着问题看下面的例子。

本节以含异步清零和同步时钟使能的十进制加法计数器为例，源代码见 5.2.3 节例 5-13，重点介绍仿真及时序分析部分。

实现步骤同 3.4.1 节的（1）~（3）项，（4）项可不做，不同之处如下。

首先建立工作库目录 C:\my_EDA\cnt10；接着输入源程序。打开 Quartus Ⅱ，选择菜单 File→New 命令，在 New 窗口（图 3-24）中的 Design Files 中选择 VHDL File，输入 VHDL 源代码并存盘，选择菜单 File→Save As 命令，打开文件夹 C:\my_EDA\cnt10，存盘文件名必须与实体名一致，即 cnt10. vhd。当出现问句"Do you want to create…"时，单击"是（Y）"，则直接进入新的工程向导流程。

工程编译并通过后，必须对其功能和时序进行仿真测试，以了解是否满足设计要求。

（1）建立波形文件并保存

在编译通过的情况下，选择 File→New，在 New 对话框（图 3-24）选择 Verification/Debugging Files 中的 Vector Waveform File 项，打开波形编辑窗。单击 File→Save As 选项，单击 "保存（S）"。由于存盘窗中的波形文件名是默认的（这里是 cnt10. vwf），所以直接存盘即可，如图 3-31 所示。

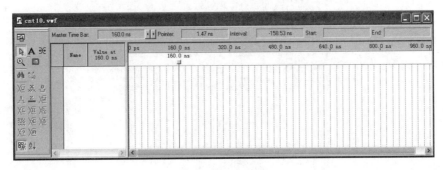

图 3-31　波形编辑器

（2）设置仿真参数

选择菜单 Assignment→Settings，在 Settings 对话框下选择 Simulator Settings，可以进行如仿真激励文件、毛刺检测宽度、功耗估计、输出等详细设置，如图 3-32 所示，一般情况下采用默认值。

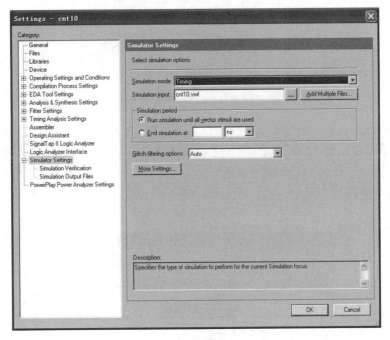

图 3-32　选择仿真参数

设定仿真时间长度。选择 Edit→End Time…命令，在 End Time 选择窗中选择适当的仿真时间域（如 10μs），单击 OK 按钮，如图 3-33 所示。

（3）加上节点信号

单击 Edit→Insert→Insert Node or Bus…，弹出 Insert Node or Bus 对话框，如图 3-34 所示。

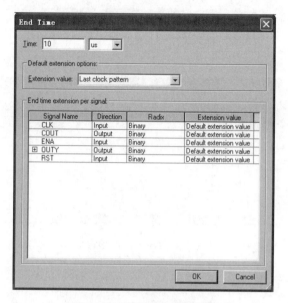

图 3-33　设置仿真时间长度

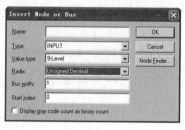

图 3-34　Insert Node or Bus 对话框

　　单击 Node Finder…图标，弹出 Node Finder 窗口，如图 3-35 所示。首先在 Filter：中选择 Pins: all（默认项），单击右上方的 List 键，这时左下 Nodes Found 对话框中将列出该项设计的所有端口引脚名。选择欲观察信号节点 clk、en、rst、cout 和 Q，用中间的"≥"将需要观察的节点选到右栏中，然后单击 OK 按钮，回到 Insert Node or Bus 对话框，再单击 OK 按钮。

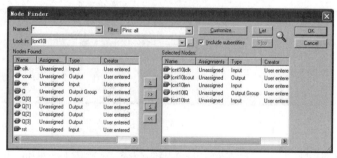

图 3-35　向波形编辑器加入信号节点

（4）编辑输入信号波形

　　选择图 3-36 所示窗口的时钟信号名 clk，使之变成蓝色条，再单击左列的时钟设置按钮，在 Clock 对话框（图 3-37）中设置 clk 的时钟周期为 400ns。Duty cycle （%）是占空比，默认为 50。然后再分别设置 en 和 rst 的电平，可以采用拖动的方式改变节点顺序。设置好的激励信号波形如图 3-36 所示。

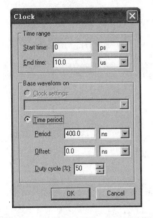

图 3-36　设置好激励波形图

单击图 3-36 所示的输出信号 Q 左旁的 "+"，则展开此总线中的所有信号。如果双击此 "+" 号左旁的信号标记，将弹出对该信号数据格式设置的对话框，如图 3-38 所示。在该对话框的 Radix 栏有 7 种选择，这里可选择无符号十进制整数 Unsigned Decimal 表示方式。

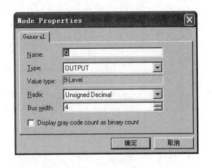

图 3-37　设置时钟 clk 的周期　　　　　　图 3-38　选择总路线数据格式

（5）运行仿真器并分析

单击 Processing→Start Simulation，开始仿真，直到出现 Simulation was successful，仿真结束。仿真波形报告文件 Simulation Report 通常会自动弹出，图 3-39 是仿真完成后的波形。注意Quartus Ⅱ 的仿真波形文件中，波形编辑文件（.vwf）与波形仿真报告文件（Simulation Report）是分开的。如果在运行仿真后，没有出现仿真报告文件界面，则可自己打开仿真波形报告，选择菜单 Processing→Simulation Report 命令，或者可以直接打开 c:\my_EDA\cnt10\db\cnt10.sim.cvwf 文件，查看仿真结果（图 3-40）。

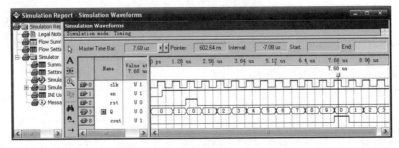

图 3-39　cnt10 的仿真波形报告文件

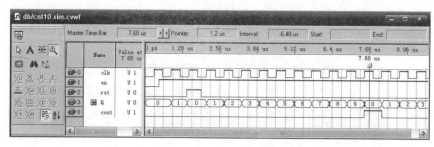

图 3-40 cnt10 的仿真波形文件

刚进入图 3-39 的窗口时,应该将最下方的滑标拖向最左侧,以便观察到初始波形。如果无法展开波形显示时间轴上的所有波形图,可以右键单击波形编辑窗中任何位置,这时再选择弹出窗口的 Zoom 项,在出现的下拉菜单中选择 Fit in Window。

(6) 时序分析

为了精确测量 cnt10 计数器的工作频率,以及输入与输出波形间的延时量等,可打开时序分析器,选择 Tools→TimeQuest Timing Analyzer 项,首先跳出如图 3-41 所示的对话框,问是否建立 SDC 文件,单击"是(Y)",出现如图 3-42 所示的时序分析器窗口。

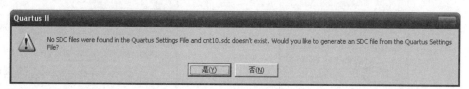

图 3-41 建立 SDC 文件

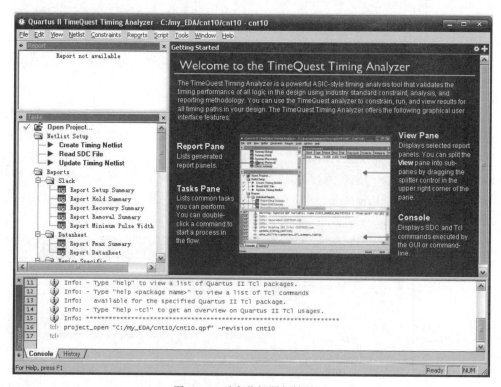

图 3-42 时序分析器起始界面

时序分析器起始界面中部的 Getting Started 简要介绍了其功能, 分为报告栏、任务栏、观察栏及控制台 4 部分。双击 Datasheet 下的 Report Fmax Summary, 计数器的最高工作频率 566.89MHz 即刻显示在右上部 View Pane 栏中, 如图 3-43 所示。

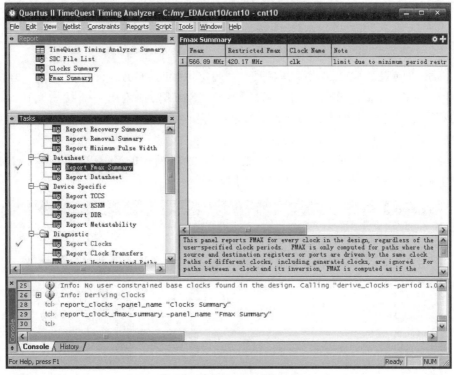

图 3-43　查看最高工作频率

正确答案:

① 仿真是我们的工具、帮手, 可以让我们提前知道我们自己设计的正确性。

② 仿真可以不做, 不是必做项目。

③ 编译只能帮助我们排查语法错误, 而仿真可以帮助我们排查逻辑错误。

④ 仿真的通过没有任何意义, 我们通过仿真来验证我们设计的正确性才有意义!

3.4.3　下载实现及硬件测试

本节以十六进制计数器+译码器为例, 顶层文件如图 3-44 所示, 重点介绍在 DE2 开发板上用硬件实现设计。

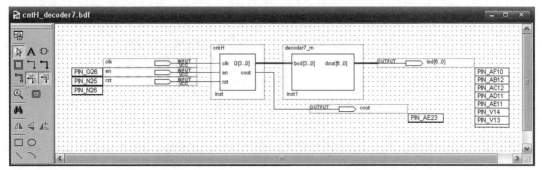

图 3-44　cntH_decoder7 顶层文件

其中，模块 cntH 代码请读者仿造 cnt10 自行改为十六进制。模块 decoder7_m 代码请仿照 5.1.1 节例 5-1 decoder7 自行改为共阳方式（DE2 为共阳方式），0~F 译码。

为了能对此计数器进行硬件测试，应将其输入/输出信号锁定在芯片确定的引脚上，编译后下载。当硬件测试完成后，还必须对配置芯片进行编程，完成 FPGA 的最终开发。

仿照 3.4.1 节的（1）~（3）步骤，完成编译。继续下述步骤。

（1）锁定引脚

通过查阅附录 DE2 芯片引脚对照表，确定主频时钟 clk、计数使能 en、复位 rst 的引脚分别为 KEY0、SW0、SW1（对应 G26、N25、N26 脚）；溢出 cout 接发光管 REDR0（对应 AE23 脚）；7 位输出数据总线 led[6..0] 可由数码管 HEX0 来显示（对应 AF10、AB12、AC12、AD11、AE11、V14、V13 脚）。

①选择菜单 Assignments→Pins，进入如图 3-45 所示的 Pin Planner 编辑器窗。在 Filter：栏中选择 Pins: all，在 Location 处输入引脚名称。

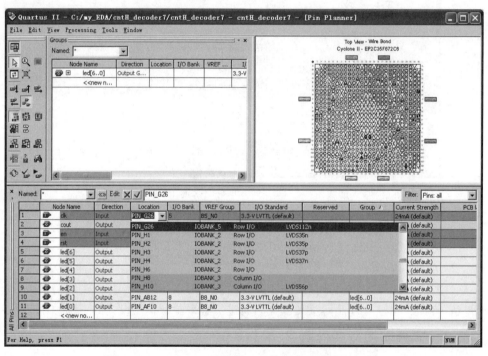

图 3-45　Pin Planner 编辑器（已将所有引脚锁定完毕）

Pin Planner 窗口中还能对引脚做进一步的设定，如在 I/O Standard 栏，选择每一信号的 I/O 电压；在 Reserved 栏，可对某些空闲的 I/O 引脚的电气特性做设置。

②保存引脚锁定的信息后，必须再编译一次，才能将引脚锁定信息编译进编程下载文件中。

③若引脚数目太多，这是一项比较烦琐的工作，Quartus Ⅱ 提供一种引脚导入方式：选择菜单 Assignments→Import Assignments…，出现如图 3-46 所示的引脚输入对话框。

单击“…”，出现如图 3-47 所示的选择文件对话框。文件类型有 .qsf、.esf、.acf、.csv 等，指定引脚文件。本教材教学资源中提供了 DE2 的完整引脚分配文件 DE2_pin_assignments.csv（引脚名必须一致）。

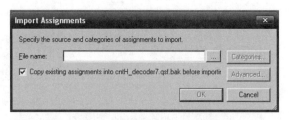

图 3-46　引脚输入对话框

图 3-47　选择文件对话框

（2）配置文件下载

将编译产生的 sof 格式文件配置到 FPGA 中，进行硬件测试的步骤如下。

① 硬件连接　首先将开发板连接上计算机的任一 USB 口，打开电源。第一次连接 Windows 会自动检测到新的硬件，跳出如图 3-48 所示界面。

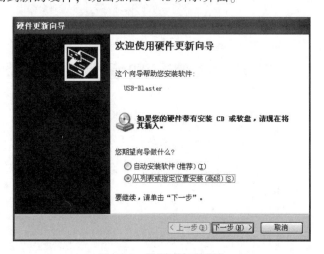

图 3-48　检测到新的硬件

选择"从列表或指定位置安装（高级）（S）"，单击"下一步（N）>"，出现如图 3-49

所示界面。

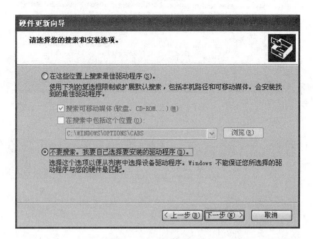

图 3-49　安装选项

选择"不要搜索…"，单击"下一步（N）>"，出现如图 3-50 所示界面。

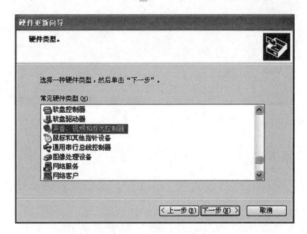

图 3-50　选择硬件类型

选择"声音、视频和游戏控制"，单击"下一步（N）>"，出现如图 3-51 所示界面。

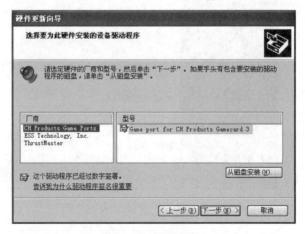

图 3-51　选择硬件

选择"从磁盘安装（H）…"，单击"下一步（N）>"，出现如图 3-52 所示界面。

图 3-52　指定安装路径

单击"浏览（B）…"，指定 Quartus Ⅱ的文件路径，如：C:\altera \90\ quartus \ drivers \ usb-blaster \x32，并单击"确定"，出现如图 3-53 所示界面。

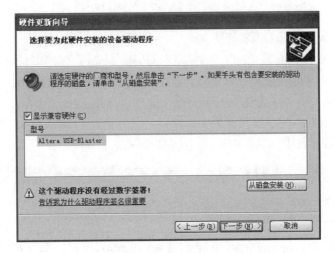

图 3-53　安装 Altera USB-Blaster

单击"下一步（N）>"，出现如图 3-54 所示界面。

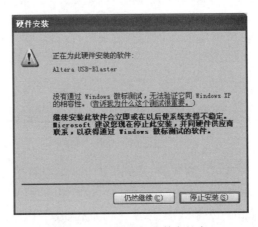

图 3-54　继续，忽略数字签名

单击"仍然继续（C）"，出现如图 3-55 所示界面。

图 3-55　安装完成

单击"完成"，完成硬件安装。

②打开编程窗和配置文件　选择 Tool→Programmer，弹出如图 3-56 所示的编程窗。在 Mode：栏中有4种编程模式可以选择：JTAG、In-Socket Programming、Passive Serial 和 Active Serial Programming。为了直接对 FPGA 进行配置，选择 JTAG（默认），并选中打勾下载文件右侧的第一小方框。注意核对下载文件路径与文件名。如果此文件没有出现或有错，单击左侧 Add File…按钮，手动选择配置文件 cntH_decoder7. sof。

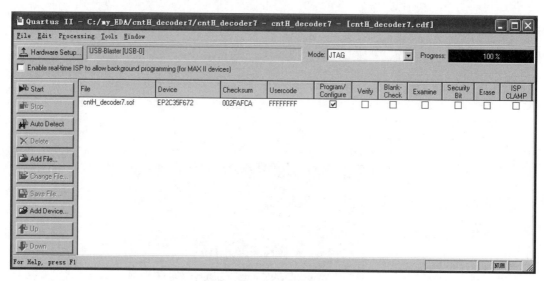

图 3-56　选择下载方式

③设置编程器　若是初次安装的 Quartus Ⅱ，在编程前必须进行编程器选择操作。这里选择 USB-Blaster。单击 Hardware Setup…按钮可设置下载接口方式，如图 3-57 所示。在弹出的对话框中，选择 Hardware Settings 标签，再双击此页中的选项 USB- Blaster 之后，单击 Close 按钮，关闭对话框即可。这时应该在编程窗右上显示出编程方式：USB- Blaster［USB-0］，如图 3-57 所示。

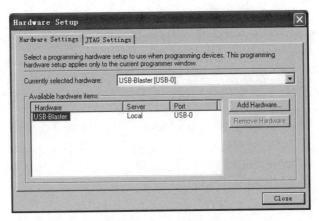

图 3-57　双击选中的编程方式名

如果打开如图 3-57 所示的对话框内 Currently selected Hardware 右侧显示 No Hardware，则必须加入下载方式。即单击 Add Hardware…按钮，选择并增加硬件。

在 DE2 上选择 RUN 模式，最后单击 Start 按钮下载，即进入对目标器件 FPGA 的配置下载操作。当 Progress：显示出 100% 时，表示编程成功，如图 3-58 所示。

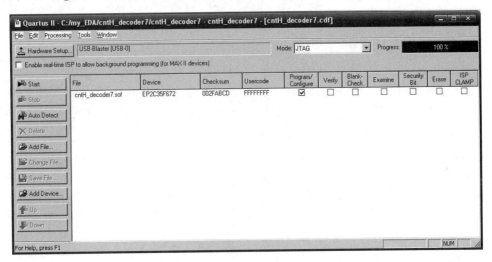

图 3-58　编程成功

④ 硬件测试　成功下载 cntH_decoder7. sof 后，将计数使能 SW0 置 1，复位 SW1 置 0，按动主频时钟 KEY0，可以看到数码管 HEX0 的显示从 0~F 的变化，以及溢出信号在发光管 REDR0 的变化情况。

(3) 编程配置器件

为了使 FPGA 在上电启动后仍然保持原有的配置文件，并能正常工作，必须将配置文件烧写进 DE2 上专用的配置芯片 EPCS16 中。EPCS16 是 Flash 存储结构，编程周期 10 万次。

① 选择编程模式和编程目标文件　在下载窗口 (图 3-56) 的 Mode 栏，选择 Active Serial Programming 编程模式，打开编程文件，选中文件 cntH_decoder7. pof，并选中打勾前 3

个编程操作项目，如图 3-59 所示。

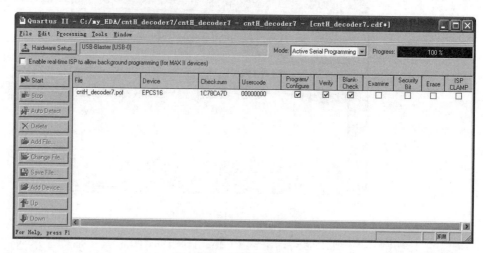

图 3-59　AS 模式编程窗口

② AS 模式编程下载　在 DE2 上选择 PROG 模式，单击图 3-59 所示窗口的 Start，编程成功后将出现提示信息，以后每次上电，FPGA 都能被 EPCS16 自动配置，进入正常工作状态。

（4）应用 RTL 电路观察器

Quartus Ⅱ可实现硬件描述语言或网表文件对应的 RTL 电路图的生成。

选择菜单 Tools→Netlist Viewers→RTL→Viewer，可以打开 cntH_decoder7 工程各层次的 RTL 电路图。双击图形中有关模块或选择左侧各项，可逐层了解各层次的电路结构，图 3-60 为cntH_ decoder7 中 cntH 部分的 RTL 电路图。

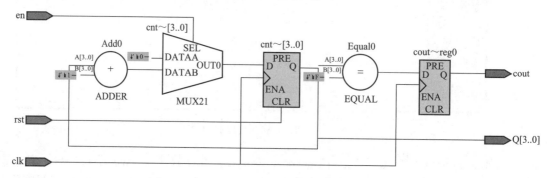

图 3-60　cntH_ decoder7 中 cntH 部分的 RTL 电路图

对于较复杂的 RTL 电路，可利用功能过滤器 Filter 简化电路。即用右键单击该模块，在弹出的下拉菜单中选择 Filter 项的 Sources 或 Destinations，由此产生相应的简化电路。如果选择菜单 Tools→Netlist Viewers→Technology map Viewer 命令，可以看到本工程的硬件电路图。

3.4.4　可参数化宏模块的调用

Quartus Ⅱ设计工具提供了各种各样的可参数化宏模块和 LPM 函数，设计者可以根据自己的需要，选择调用 LPM 库中的模块，极大地提高了设计效率和可靠性。在图 3-61［page 2a］所示窗口左栏提供了 SOPC Builder、算术、通信、DSP、门电路、I/O、接口、JTAG、存储编译器、存储器等组件及 IP 库。其详细用法请单击主菜单下的 Help→Megafunctions/LPM。

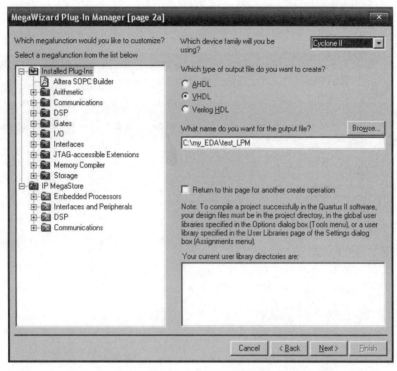

图 3-61　Quartus II 提供的可参数化宏模块和 LPM 函数

下面以锁相环 ALTPLL 的调用为例，说明可参数化宏模块的调用。Altera 新型器件中含有高性能的嵌入式模拟锁相环 PLL（性能远优于数字锁相环）。ALTPLL 可以与输入的时钟信号同步，并以其作为参考信号实现锁相，并提供任意相移和输出信号占空比。与来自外部的时钟相比，片内时钟可以减少延时和变形及片外干扰，还可以改善时钟的建立和保持时间。

（1）建立片内 PLL 模块

① 选择菜单 Tools→MegaWizard Plug-In Manager，弹出如图 3-62［page 1］所示的页面。

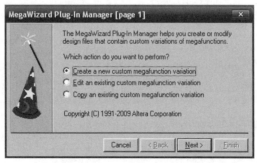

图 3-62　定制一个新的模块

选中 Create a new custom megafunction variation 单选按钮，定制一个新的模块。单击 Next>按钮后弹出如图 3-61 ［page 2a］ 所示页面。

② 在 ［page 2a］ 页面左栏 I/O 项下选择 ALTPLL，选择器件类型为 Cyclone Ⅱ 和 VHDL 方式，最后输入设计文件存放的路径和文件名，如 C:\my_EDA\PLL\pll1。单击 Next>按钮后弹出如图 3-63 ［page 3 of 10］ 所示页面。

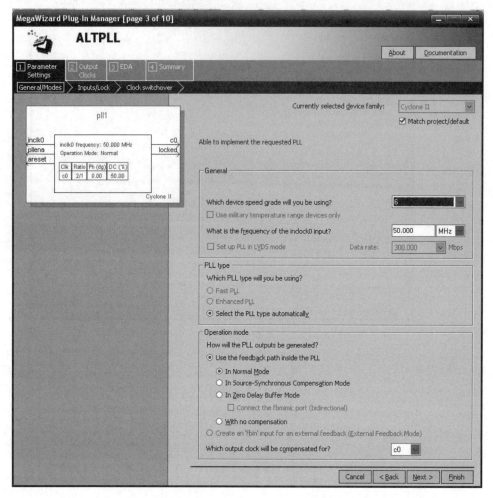

图 3-63　选择参考时钟为 50MHz

③ 在 ［page 3 of 10］ 页面中，首先设置参考时钟频率 inclk0 为 50MHz（注意，对于 Cyclone Ⅱ 器件，这个时钟频率不能低于 10MHz。在设置参数的过程中请关注编辑窗右上框的提示，蓝色的："Able to implement the requested PLL" 表示所设参数可以接受，如出现红色的 "Cannot implement the requested PLL, Cause: VCO or PFD frequency Range exceeded" 表示不能接受所设参数）。单击 Next>按钮，弹出如图 3-64 ［page 4 of 10］ 所示页面。

④ 在 ［page 4 of 10］ 页面中，选择锁相环的工作模式（选择内部反馈通道的通用模式）。在此窗口选择 PLL 的控制信号，如使能控制 pllena、异步复位 areset、锁相输出 locked 等。单击 Next>按钮，弹出如图 3-65 ［page 5 of 10］ 所示页面。

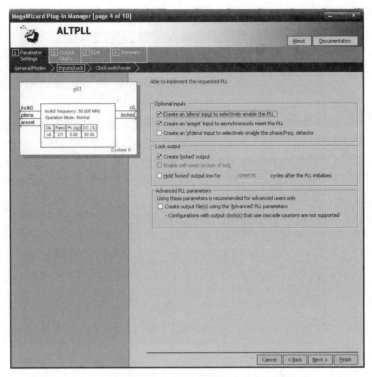

图 3-64　选择控制信号

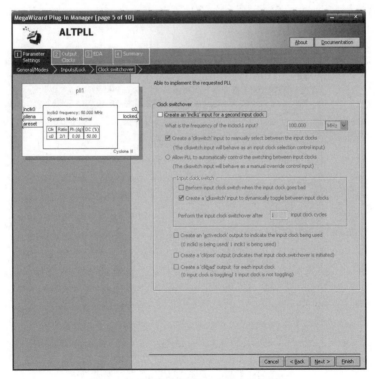

图 3-65　询问是否增加一个 inclk1 输入

⑤ 在［page 5 of 10］页面询问是否增加一个 inclk1 输入，不做任何选择，直接单击

Next>按钮，进入如图 3-66 ［page 6 of 10］所示页面。

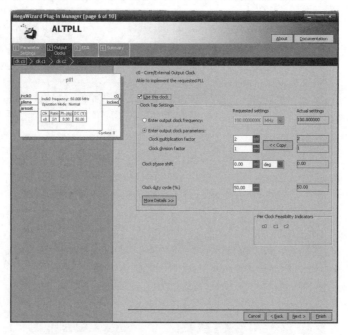

图 3-66　选择 c0 的片内时钟倍频为 2

⑥在 ［page 6 of 10］页面选中 Use this clock，并选择第一个输出时钟信号 c0 相对于输入时钟的倍频因子为 2，即 c0 的片内输出频率是 100MHz。时钟相移和占空比不变。单击 Next>按钮，进入如图 3-67 ［page 7 of 10］所示页面。

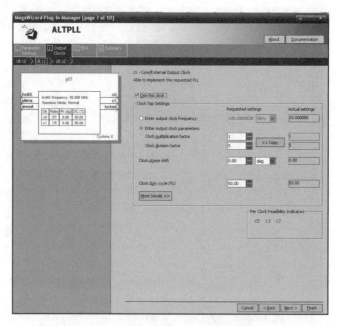

图 3-67　选择 c1 的片内时钟分频为 5

⑦在 ［page 7 of 10］页面中选 c1 的时钟倍频因子和分频因子分别为 1 和 5。时钟相移

和占空比不变。单击 Next>按钮，进入如图 3-68 ［page 8 of 10］ 所示的窗口。

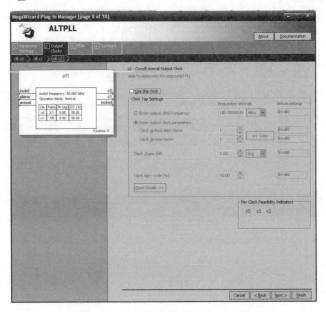

图 3-68　询问是否增加一个 c2 输出

⑧ 在 ［page 8 of 10］ 页面，不选 c2，直接单击 Next>按钮，进入 ［page 9 of 10］ 所示页面。在 ［page 9 of 10］ 页面，直接单击 Next>按钮，进入如图 3-69 ［page 10 of 10］ 所示页面。

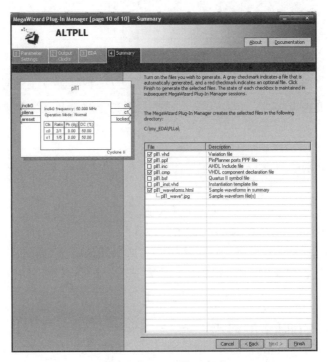

图 3-69　PLL1 设置完成

在 ［page 10 of 10］ 页面，单击 Finish，最后完成了文件 PLL1. vhd 的建立。

（2）测试锁相环

将生成的 PLL1.vhd 设置成工程，编译通过后，可以像调用普通元件一样，调用自己建立的 PLL1 锁相环，其外部接口如图 3-70 所示。

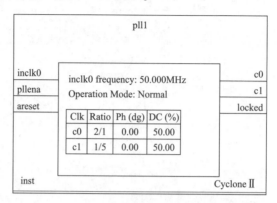

图 3-70　PLL1 的外部接口

建立仿真激励波形文件，准备测试 PLL1 的功能。对于输入时钟 inclk0 的激励频率要足够高（选择 50MHz）。图 3-71 是锁相环 pll1.vhd 的仿真波形，其中 areset 是异步复位信号；locked 是相位锁定指示输出，高电平表示锁定，低电平表示失锁。

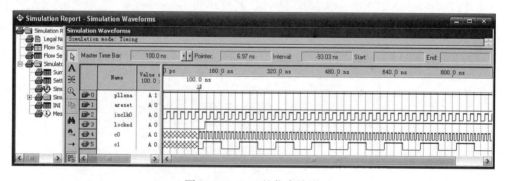

图 3-71　PLL1 的仿真波形

锁相输出分别是 c0 和 c1。从波形图中可以看到输出与输入频率之间 2 倍频和 5 分频的关系。

另外，在硬件设置中应该注意，FPGA 上参考时钟的引入脚，只能是专用时钟输入脚。例如 EP2C35 为 N2；对应的锁相环的工作电压由 VCCD_PLL1 输入（Y7），power 为 1.2V，电平质量要求高，要求有良好的抗干扰措施。如果外部电路也需要 PLL 输出的高质量时钟，输出口是特定的，如 PLL1 为 AA7。普通情况下，锁相环若为单频，可通过任意 I/O 口输出。

3.4.5　Dsp Builder 的应用

Altera 的 Dsp Builder 是连接 Matlab/Simulink 和 Quartus Ⅱ 开发软件的 DSP 开发工具。将 Matlab 和 Simulink 系统级设计工具的算法开发、仿真和验证功能，与 Quartus Ⅱ 的基于 VHDL 及 Verilog HDL 语言的设计流程集成在一起，其开发环境界面友好，可帮助设计人员生成

DSP 设计硬件表征，从而缩短设计周期。

Matlab 环境界面如图 3-72 所示，它分为命令窗口（Command Window）、工作区（Workspace）、命令历史记录（Command History）、当前工作目录（Current Directory）4 个窗口。

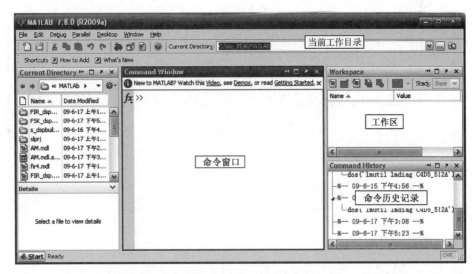

图 3-72　Matlab 环境界面

在使用 Dsp Builder 之前，必须获得授权，其授权代码可以直接以文本方式添加到 Quartus 的授权文件中，如图 3-73 所示。如果没有授权，用户只能用 Dsp Builder 建立 Simulink 模型，而不能生成 HDL 源代码或 Tcl 脚本文件。

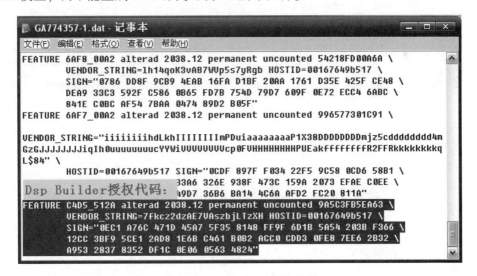

图 3-73　Dsp Builder 授权代码

检查授权有效性：首先在命令窗口输入 dos（'lmutil lmdiag C4D5_512A'）并回车，如已获得 Dsp Builder 的授权，会出现如图 3-74 所示界面。

下面以 FSK 调制器的设计为例，介绍 Dsp Builder 的运用方法。图 3-75 是使用 Simulink 库和 Altera Dsp Builder 已完成的 FSK 模型的图形界面，步骤如下。

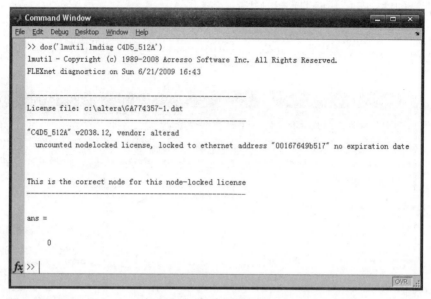

图 3-74　授权有效性检查

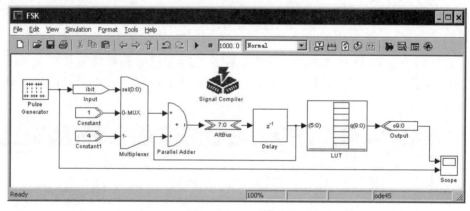

图 3-75　FSK 模型

（1）创建新模型

① 启动 Matlab。

② 首先设置工作区目录，如图 3-72 所示的 c:\my_EDA\MATLAB。

③ 单击 Matlab 工具条上的 ![按钮] 按钮，或在其命令窗口输入 Simulink 命令，打开 Simulink Library Browser 界面，如图 3-76 所示。

④ 在 Matlab 主菜单，选择 File→New→Model 命令，建立一个新的模型文件。

⑤ 在新建模型文件主菜单，选择 File→Save 命令，保存到指定的文件夹（如 c:\my_EDA\MATLAB\FSK.mdl）中。

（2）加入模块

采用拖动方式，依次从 Simulink Library Browser 窗口向新建的 FSK.mdl 的文件窗口加入下列模块，没有声明的参数采用默认值，并完成如图 7-75 所示连线。

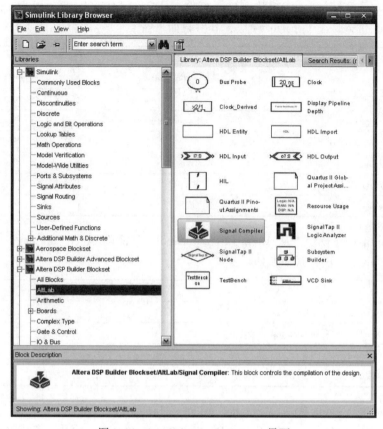

图 3-76　Simulink Library Browser 界面

① Pulse Generator 模块　从 Simulink 的 Sources 库中向 FSK. mdl 加入 1 个 Pulse Generator 模块，其参数如下：

参数	值
Pulse type	Sample based
Time（+）	Use simulation time
Amplitude	1
Period	500
Pulse width	200
Pulse delay	0
Sample time	1
Interpret vector parameters as 1-D	On

② Input 模块　从 Altera DSP Builder Blockset 的 IO & Bus 库中向 FSK. mdl 加入 1 个 Input 模块，其参数如下：

参数	值
Bus Type	Single Bit
Specify Clock	Off

③ Constant、Constant1 模块（Constant）　从 Altera DSP Builder Blockset 的 IO & Bus 库中向 FSK. mdl 加入 2 个 Constant 模块，其参数如下：

参数	值	
	Constant	Constant1
Constant Value	1	4
Bus Type	Signed Integer	Signed Integer
[]. [Number Of Bits]	8	8
Rounding Mode	Truncate	Truncate
Saturation Mode	Wrap	Wrap
Specify Clock	Off	Off

④ Multiplexer 模块　从 Altera DSP Builder Blockset 的 Gate&Control 库中向 FSK. mdl 加入 1 个 Multiplexer 模块，其参数如下：

参数	值
Number Of Input Data Lines	2
Number Of Pipeline Stages	0
One Hot Select Bus	Off
Allow Floating Point Owerride For This Block	Off

⑤ Parallel Adder 模块（Parallel Adder Subtractor）　从 Altera DSP Builder Blockset 的 Arithmetic 库中向 FSK. mdl 加入 1 个 Parallel Adder Subtractor 模块，其参数如下：

参数	值
Number Of Inputs	2
Add (+) Sub (−)	+
Enable Pipeline (Variable Length)	On

⑥ AltBus 模块　从 Altera DSP Builder Blockset 的 IO & Bus 库中向 FSK. mdl 加入 1 个 AltBus 模块，其参数如下：

参数	值
Bus Type	Signed Integer
[Number Of Bits]. []	8
Saturate Output	Off

⑦ Delay 模块　从 Altera DSP Builder Blockset 的 Storage 库中向 FSK. mdl 加入 1 个 Delay 模块，其参数如下：

参数	值
Number Of Pipeline Stages	1
Clock Phase Selection	1

⑧ LUT 模块　从 Altera DSP Builder Blockset 的 Storage 库中向 FSK. mdl 加入 1 个 LUT 模块，其参数如下：

参数	值
Address Width	6
Data Type	Signed Integer
Number Of Bits. [ ]	10
MATLAB array	$126 * \sin([0:2*pi/2^6:2*pi])$
Use LPM	On
Memory Block Type	AUTO

⑨ Output 模块　从 Altera DSP Builder Blockset 的 IO & Bus 库中向 FSK. mdl 加入 1 个 Output 模块，其参数如下：

参数	值
Bus Type	Signed Integer
[number of bits]. [ ]	10
External Type	Inferred

⑩ Scope 模块　从 Simulink 的 Sinks 库中向 FSK. mdl 加入 1 个 Scope 模块，其参数如下：

参数	值
Number of axes	2
Time range	auto
Tick labels	bottom axis only
Sampling	Decimation、1
Limit data points to last	5000

⑪ Signal Compiler 模块　从 Altera DSP Builder Blockset 的 AltLab 库中向 FSK. mdl 加入 1 个 Signal Compiler 模块。

（3）Simulink 仿真

单击图 3-75 菜单栏上的 Simulation→Configuration Parameters…，出现如图 3-77 所示仿真界面，按如下参数设置。

参数	值
Start time	0. 0
Stop time	1000. 0
Type	Variable-step
Solver	ode45（Dormand-Prince）
Max step size	auto
Relative tolerance	1e-3
Min step size	auto
Absolute tolerance	auto

续表

参数	值
Initial step size	auto
Shape preservation	Enable all
Number of consecutive time min steps	1
Zero-crossing control	Use local settings
Algorithm	Nonadaptive
Time tolerance	10 * 128 * eps
Number of consecutive zero crossings	1000

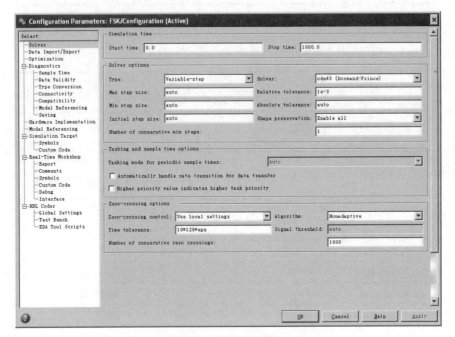

图 3-77　设置仿真参数

单击 ▶，运行仿真。待仿真运行完成后，双击 Scope 模块，打开示波器观察分析 FSK 仿真波形，如图 3-78 所示。

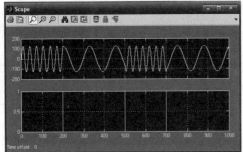

图 3-78　FSK 仿真波形

（4）转化为 Quartus 工程

双击图 3-75 中的 Signal Compiler 模块，弹出图 3-79 所示界面。在 Parameters 块选择参数 Family：为 Cyclone Ⅱ，参数 Device：为 AUTO。如果接通了 DE2 开发板，单击 Scan Jtag 会自动扫描到 USB-Blaster ［USB-0］接口和 EP2C35 芯片，在 Simple 选项下单击 Compile，完成其编译，如图 3-79 所示。

另外，还可以在 Advanced 项中分步骤选择完成分析（Analyze）、综合（Synthesis）、适配（Fitter）、编程（Program）等；在 SignalTap Ⅱ 项选择是否添加嵌入式逻辑分析仪；在 Export 项指定综合后 HDL 文件输出目录。

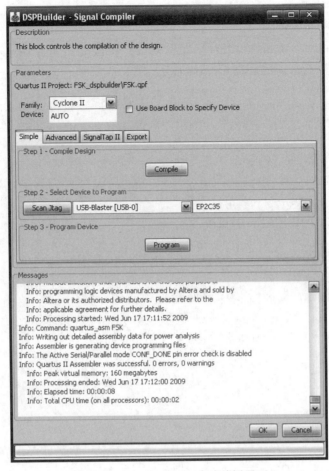

图 3-79　Signal Compiler 完成编译界面

（5）Quartus Ⅱ 编译

在 Quartus Ⅱ 下打开 FSK 工程，如图 3-80 所示，查看 VHDL 源代码（例 3-1 所示）。

图 3-80　打开 FSK 工程

★ 【例 3-1】　在 Simulink 下通过 Signal Compiler 生成的 FSK 部分源代码。

```vhdl
-- This file is not intended for synthesis, it is present so that simulators
-- see a complete view of the system.

-- You may use the entity declaration from this file as the basis for a
-- component declaration in a VHDL file instantiating this entity.

--altera translate_off
library IEEE;
use IEEE.std_logic_1164.all;
use IEEE.NUMERIC_STD.all;

entity FSK is
  port (
        Clock : in std_logic := '0' ;
        Input : in std_logic := '0' ;
        Output : out std_logic_vector( 10-1 downto 0 ) ;
        aclr : in std_logic := '0'
  ) ;
end entity FSK;

architecture rtl of FSK is

component FSK_GN is
  port (
        Clock : in std_logic := '0' ;
        Input : in std_logic := '0' ;
        Output : out std_logic_vector( 10-1 downto 0 ) ;
        aclr : in std_logic := '0'
  ) ;
end component FSK_GN;

begin

FSK_GN_0: if true generate
  inst_FSK_GN_0: FSK_GN
      port map( Clock => Clock, Input => Input, Output => Output, aclr => aclr) ;
end generate;

end architecture rtl;

--altera translate_on
```

Simulink 中应用 Signal Compiler 编译，只是选择了芯片类型为 EP2C35，没有选择具体器件，我们选择器件为 EP2C35F672C6，根据实际情况锁定引脚后重新编译，通过后下载到 DE2 上完成硬件实现。图 3-81 为编译完成报告。

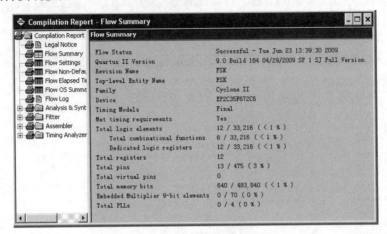

图 3-81　FSK 编译完成报告

3.4.6　设计一个简单的 CPU 系统

（1）系统生成

① 启动 SOPC Builder　首先创造一个新的 Quartus Ⅱ 工程 nios2_sys。选择 Tools → SOPC Builder 工具，出现 SOPC Builder 启动界面，随后出现如图 3-82 所示的系统命名及目标语言选择界面。

选择 VHDL，并命名为 cpu_sys。单击 OK 按钮，出现如图 3-83 所示界面。

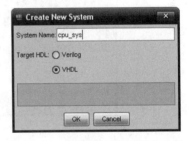

图 3-82　系统命名及目标语言选择

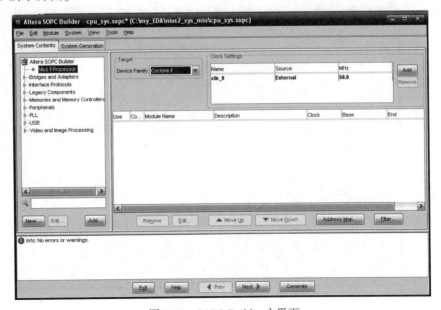

图 3-83　SOPC Builder 主界面

② 添加 Nios Ⅱ Processor　选择 Cyclone Ⅱ 作为目标芯片类型，时钟设置为 50MHz、External。选择 Nios Ⅱ Processor，单击 Add…，出现如图 3-84 所示界面。

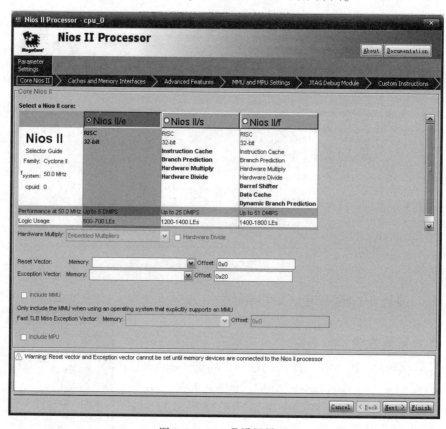

图 3-84　Nios Ⅱ 设置界面

选择经济型处理器 Nios Ⅱ/e，单击 Finish，出现如图 3-85 所示界面。

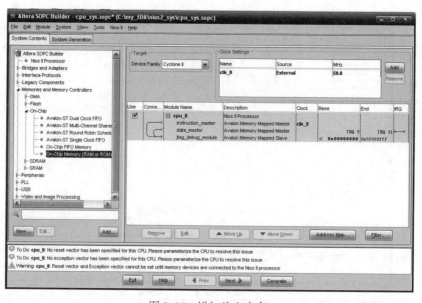

图 3-85　增加片上内存

③ 添加片上内存　在图 3- 83 界面左栏所示 Memories and Memory Controllers 中选择 On- Chip 下的 On- Chip Memory（RAM or ROM），单击 Add…按钮，出现如图 3- 86 所示片上内存设置界面。

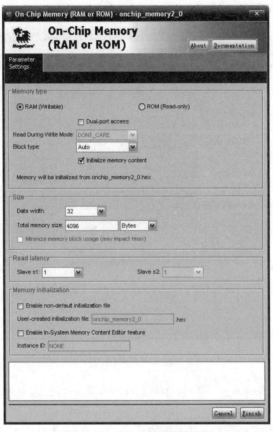

图 3-86　片上内存设置界面

选择 Memory type 为 RAM，选择 Size 为 32bits 数据宽度和 4096Bytes 内存大小，单击 Finish，出现如图 3- 87 所示界面。

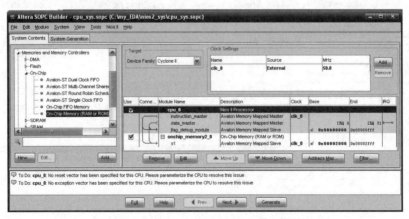

图 3-87　加入 Nios II 和片上内存后的界面

在图 3-87 界面中包含下面两个元件：

a. Nios Ⅱ/e processor with JTAG Debug Module Level 1；

b. On-chip memory-RAM mode and 4096 Bytes in size with width of 32 bits。

④ 设置参数　图 3-87 界面下部提示信息告诉我们，缺少复位及扩展内存地址。双击模块 cpu_0，出现如图 3-88 所示界面。

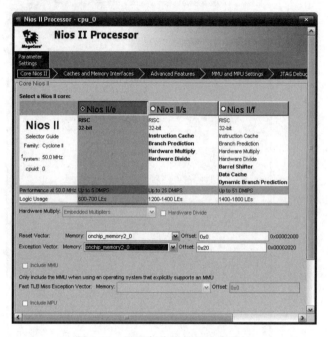

图 3-88　设置复位及扩展内存地址

改 Reset Vector: Memory：和 Exception Vector: Memory：为 onchip_memory2_0，单击 Finish，回到图 3-87 界面。

在图 3-87 界面中，选择并双击模块 onchip_memory2_0 中的 Base，改为 0x00000000，后单击其前部的小锁锁定起始地址，选择主菜单 System→Auto-Assign Base Addresses，自动分配地址。提示信息变为 "No errors or warnings"，如图 3-89 所示。

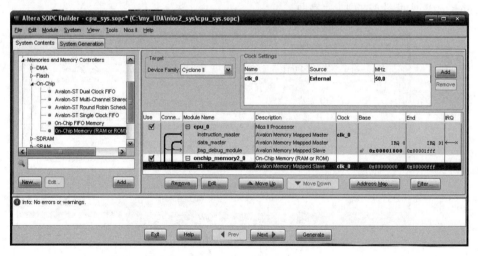

图 3-89　提示信息变为 "No errors or warnings"

⑤生成系统　当信息变为"No errors or warnings"时，可以单击 Generate，生成系统。运行后，信息提示：System generation was successful. 及 No errors or warnings. 图 3-90 表明完成系统生成，单击 Exit，退出 SOPC Builder，返回 Quartus Ⅱ 主界面。

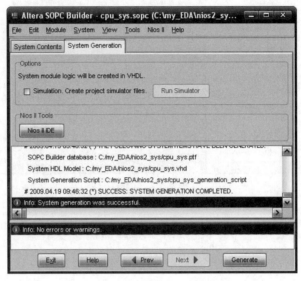

图 3-90　完成生成系统

⑥用 VHDL 模块实例化生成的 Nios Ⅱ 系统　新建 bdf 图形文件，调入生成的 cpu_sys 模块及输入引脚 INPUT 并连接，保存为 nios2_sys，编译 Quartus Ⅱ 工程，如图 3-91 所示。

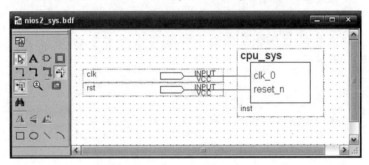

图 3-91　cpu_sys 的顶层文件

⑦全程编译并下载实现

a. 分配引脚如下：

clk——PIN_N2（50MHz 时钟）；

rst——PIN_G26（按键 KEY0）。

b. 重新完成 Quartus Ⅱ 工程的编译。

c. 下载到 DE2 板上的 Cyclone Ⅱ FPGA 中。

图 3-92 为编译完成报告。

（2）系统验证

在数字计算机系统中，所有的数据均由 1 和 0 组成。例题 3-2 是名为 test.s 的用于测试数据 0x90abcedf 中最多连续的"1"个数的 Nios Ⅱ 汇编语言程序代码。例如，0x937a

（1001001101111010）有最多4个连续的1。

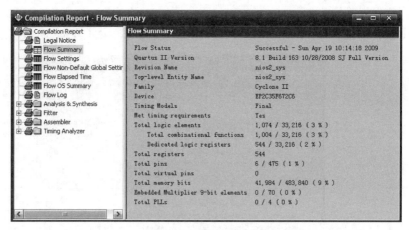

图 3-92　编译完成报告

★【例 3-2】　test. s——Nios Ⅱ 汇编语言程序代码

```
.include "nios_macros.s"

.text

.equ TEST_NUM, 0x90abcdef /* The number to be tested */
.global start
_start:

   movia r7, TEST_NUM /* Initialize r7 with the number to be tested */
   mov r4, r7 /* Copy the number to r4 */

STRING_COUNTER:
   mov r2, r0 /* Initialize the counter to zero */

STRING_COUNTER_LOOP: /* Loop until the number has no more ones */
   beq r4, r0, END_STRING_COUNTER

   srli r5, r4, 1 /* Calculate the number for ones by shifting the */
   and r4, r4, r5 /* number by 1 and anding the result with itself. */
   addi r2, r2, 1 /* Increment the counter. */
   br STRING_COUNTER_LOOP
END_STRING_COUNTER:
   mov r16, r2 /* Store the result into r16 */
END:
   br END /* Wait here once the program has completed */
.end
```

① 双击打开 Altera Monitor Program（附光盘中含有其安装程序），出现如图 3-93 所示
Altera Monitor Program 界面。

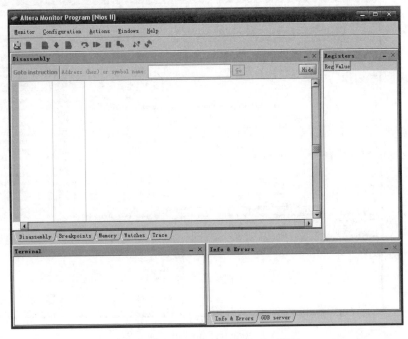

图 3-93　Altera Monitor Program 界面

② 选择 Configuration→Configure system…，出现如图 3-94 所示配置系统界面。在 System
description file（PTF）栏单击 Browse…，选择刚刚生成的 CPU 文件（c:\my_ EDA \nios2_sys
\cpu_sys. ptf），单击 OK 按钮，回到图 3-93 所示界面。

③ 选择 Configuration→Configure program…，出现如图 3-95 所示配置程序界面。在 Pro-
gram type 中选择 Assembly；单击 Add…，选择准备好的 test. s（c:\my_EDA \ nios2_sys \
test. s），单击 OK 按钮，回到图 3-93 所示界面。

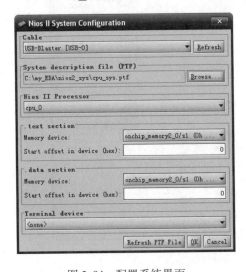

图 3-94　配置系统界面

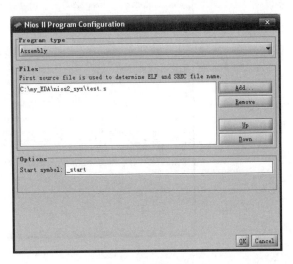

图 3-95　配置程序界面

④ 选择 Actions→Compile & Load，出现如图 3-96 所示界面。

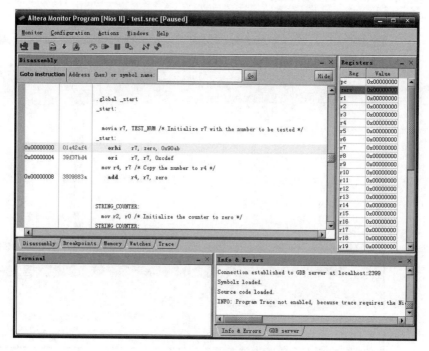

图 3-96　编译并装入后界面

⑤ 单击运行图标，出现如图 3-97 所示运行结果。对比图 3-96 和图 3-97 中 pc、zero、r2、r5、r7 及 r16 的变化。

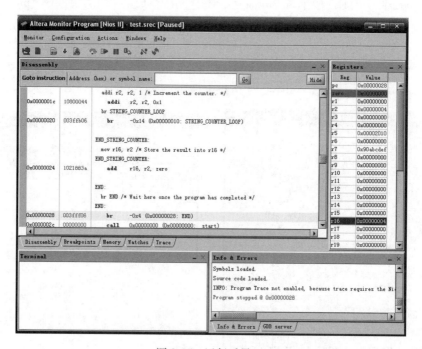

图 3-97　运行后界面

思考

（1）请描述工程与顶层文件的关联。

（2）请描述顶层文件与当前文件的关联。

（3）请复述 Quartus Ⅱ 设计流程。

（4）某同学对一位全加器锁引脚，出现的对话页面上却是半加器的脚，为什么？

（5）某同学编译 cnt10，出现错误提示：［primary unit "cnt10" already exists is library "work"］，并且不能定位，怎么解决？

（6）请描述仿真的意义。

（7）可参数化宏模块功能强大，在 3.4.4 节，以锁相环 ALTPLL 的调用为例实现倍频很实用，请实习之。

第4章 硬件描述语言VHDL语法概要

【学习建议】

    有人说30%的基本 VHDL 语句可以实现95%的电路设计，可谓一矢中的。初学 VHDL 语言，千万不要贪多，应该把精力放在常用的语句上；不要死记硬背语法，因为这样会使学习变得很枯燥。不妨大体了解一下 VHDL 语言有些什么语句，在实际应用时需要哪个语句，可以现查现用，多用几次以后，自然能将这个语句牢牢记住，这比死记硬背要好得多。VHDL 语言和任何程序语言一样，必须靠练习来积累应用经验。

4.1 概　述

    美国国防部（DOD）为发展其超高速集成电路计划，于 1983 年提出了标准化问题。1986 年，国际电气与电子工程师协会（Institute of Electrical and Electronics Engineers，IEEE）成立了 VHDL 标准化小组。经过多次的修改与补充，1987 年 12 月，IEEE 批准 VHDL 作为硬件描述语言的工业标准，即 IEEE STD 1076—1987（LRM87）。1993 年在 87 版本的基础上进行了若干修订，更新为 IEEE STD 1076—1993（LRM93）。最新公布的 VHDL 版本是 IEEE 1076—2008。

    1995 年，我国国家技术监督局制定的《CAD 通用技术规范》，推荐 VHDL 作为我国电子设计自动化硬件描述语言的国家标准。至此，VHDL 在我国迅速普及，成为从事硬件电路设计的开发人员所必须掌握的一项技术。

4.1.1 VHDL 的特点

    VHDL 语言已经成为数字电路和系统的描述、建模和综合的工业标准。在电子产业界，无论是系统设计人员，还是 AISC 设计人员，或者是各大院校的学生，都可以通过学习 VHDL 语言来提高他们的工作效率。由于 VHDL 语言的通用性，它现在已经成为支持不同层次设计者要求的一种标准硬件描述语言。VHDL 语言能成为标准并且获得广泛的应用，是因为它自身的优势和特点。

（1）强大的功能和灵活性

VHDL 语言具有功能强大的语言结构，可以用简洁明确的程序来描述复杂的逻辑控制。

为了有效地控制设计的实现，它具有多层次的设计描述功能，支持设计库和可重复控制的元件生成；而且它还支持阶层设计和提供模块设计的创建。同时，VHDL 语言还支持同步电路、异步电路和随机电路的设计，这是其他的硬件描述语言所不能比拟的。

（2）独立于器件的设计

设计人员采用 VHDL 语言进行硬件电路的设计时，并不需要首先选择完成此项设计的逻辑器件。这样设计人员可以集中时间来进行硬件电路系统的具体设计，而不需要考虑其他的问题。当采用 VHDL 语言完成硬件电路系统的功能描述后，可以使用不同的逻辑器件来实现其功能。如果需要对设计进行资源利用和性能方面的优化，也并不要求设计人员非常熟悉器件的内部结构。这样，设计人员就可以集中精力进行设计的构思。

（3）可进行程序移植

VHDL 语言的移植能力允许设计人员对需要综合的设计描述进行模拟。在综合前对设计描述进行模拟，可以节约大量可观的时间。由于 VHDL 语言是一种标准化的硬件描述语言，因而同一个设计的 VHDL 语言可以被不同的 EDA 工具支持，从而使得 VHDL 语言程序的移植成为可能。VHDL 语言的移植能力是指同一个设计的 VHDL 语言描述，可以从一个模拟工具移植到另一个模拟工具，从一个综合工具移植到另一个综合工具，或者从一个工作平台移植到另一个工作平台。另外，采用 VHDL 语言能够很容易地帮助设计人员实现转成 ASIC 的设计。有时用于 PLD 的程序可以直接用于 ASIC。由于 VHDL 语言是一种 IEEE 的工业标准硬件描述语言，所以 VHDL 语言可以确保 ASIC 厂商生产高质量的器件产品。

（4）性能评估能力

独立于器件的设计和可进行程序移植，允许设计人员采用不同的器件结构和综合工具来对自己的设计进行评估。在设计人员开始具体的设计之前，他并不需要了解将采用何种逻辑器件。设计人员可以进行一个完整的 VHDL 语言描述，并且可以对它进行综合，生成选定的器件结构的逻辑功能，然后再对设计结果进行评估，最后选用最适合该设计的逻辑器件。同样为了衡量综合质量，设计人员可以采用不同的综合工具对设计进行综合，然后再对综合结果进行分析和评估。

（5）VHDL 标准、规范，易于共享和复用

VHDL 语言的语法规范、标准，可读性强。用 VHDL 语言书写的代码文件既是程序，又是文档；既是设计人员进行设计成果交流的交流文件，也可以作为合同签约者之间的合同文本。另一方面，由于 VHDL 是 IEEE 的工业标准硬件描述语言，具有严格的语法规范和统一的标准，因此它可以使设计成功在设计人员之间进行交流和共享，进一步推动 VHDL 语言的发展和完善。

VHDL 具有与具体硬件电路无关和与设计平台无关的特性，并且具有良好的电路行为描述和系统描述功能，在语言易读性和层次化结构化设计方面，表现出了强大的生命力和应用潜力。因此，VHDL 在支持各种模式的设计方法、自顶向下与自底向上或混合方法方面，在面对当今许多电子产品生命周期缩短，需要多次重新设计以融入最新技术、改变工艺等方面，都表现了良好的适应性。

与其他的硬件描述语言相比，VHDL 具有更强的行为描述能力，从而决定了它成为系统设计领域最佳的硬件描述语言。强大的行为描述能力是避开具体的器件结构，从逻辑行为上描述和设计大规模电子系统的重要保证。

4.1.2　学习 VHDL 的注意事项

在学习 VHDL 时，应注意以下事项。

（1）硬件编程与软件编程的差别

牢记我们学习的是"硬件描述语言"。初学者，特别是习惯于软件编程（如单片机）的人，刚开始很难适应 VHDL 中的"并发执行"语句，往往在这上面犯错。

（2）掌握时钟的概念

FPGA/CPLD 的一大优势在于它能实现复杂的时序，而时序电路的心脏就是时钟。在用 VHDL 进行电路设计时，一定要有时钟的概念。只有清楚地意识到每个语句将在时钟沿产生一个什么样的结果，才能写出正确的语句。

（3）VHDL 语句的可综合性

VHDL 的主要作用有两个：一为系统仿真；二为硬件实现。VHDL 的所有语句均可以用于仿真，但只有一部分可以用硬件实现（可综合），要特别注意哪些语句是可以被综合的。请予注意，以下是几种典型不可综合的情况。

① 不合乎硬件设计　在 VHDL 中，有一些是合乎语法的，仿真器也会根据语法做设计者想要的改变，但程序本身却无法合成出正确的结果。例如：

```
…
BEGIN
IF rst = '0'  THEN a<= '0' ;
    ELSIF clk' EVENT AND clk = '1'    THEN a<= '1' ;
    ELSE a<= '0' ;
END IF;
…
```

在上面的例子中，语法上并没有什么错误，如果没有 ELSE 及其后 a<= '0' 的话，这是一个非常简单的异步 reset 的 flip-flop。加上了 ELSE 及其后 a<= '0' 之后，此设计即变得不合理了。因为此 ELSE 所要表示的是除了信号 rst 为'0' 及信号 clk 的上升沿之外的情况，试问一个信号上升沿之外的情况是怎样的？

② 无限制的对象（实数；没有约束条件的对象；没有约束条件的循环）　典型代表实数，如 0~1 之间有无限个实数，而可编程逻辑是有限的。我们如何用有限的逻辑去描述无限的实数？

③ 物理量　典型代表时间，如时间延迟语句。

在 VHDL 中，经常可以看到以下的语句：

```
 a<= '1'  AFTER 10ns WHEN b = '0'  ELSE
     '0' ;
```

这样的描述在仿真的时候常会用到，但却是无法综合的。原因在于当信号 b 成为'0' 时，如何做到在 10ns 以后将'1' 指定给信号 a。因为在设计中也许会用到很多的器件，而每一种器件其内部的延迟都不一致，要让综合器在选用器件上产生 10ns 的延迟，至少目前是不可能的。

④ 块语句、REPORT 语句、断言语句等　VHDL 综合器将略去所有的块语句、REPORT 语句、断言语句。

（4）语法学习贵精不贵多，靠练不靠背

4.2　VHDL 程序基本结构

VHDL 程序基本结构包括库、实体、结构体 3 大部分。例 4-1 为 2 选 1 多路选择器实例。完成如下功能：

$$Y = \begin{cases} a \\ b \end{cases} \quad \text{当} S = \begin{cases} 0 \\ 1 \end{cases}$$

★ **【例 4-1】**　2 选 1 多路选择器

```
LIBRARY IEEE;                        ⎫
USE IEEE. STD_LOGIC_1164. ALL;       ⎬库

ENTITY mux2_1 IS                     ⎫
  PORT (a,b: IN STD_LOGIC;           ⎪
            S: IN STD_LOGIC;         ⎬实体
            Y: OUT STD_LOGIC);       ⎪
END ENTITY mux2_1;                   ⎭

ARCHITECTURE one OF mux2_1 IS        ⎫
  BEGIN                              ⎪
    Y<=a WHEN S='0' else             ⎬结构体
        b WHEN S='1';                ⎪
END ARCHITECTURE one;                ⎭
```

4.2.1　库

在利用 VHDL 进行工程设计中，为了提高设计效率以及使设计遵循某些统一的语言标准或数据格式，有必要将一些有用的信息汇集在一个或几个库中以供调用。这些信息可以是预先定义好的数据类型、子程序等设计单元的集合体（程序包），或预先设计好的各种设计实体（元件库程序包）。因此，可以把库看成是一种用来存储预先完成的程序包、数据集合体和元件的仓库。如果要在一项 VHDL 设计中用到某一程序包，就必须在这项设计中预先打开这个程序包，使此设计能随时使用这一程序包中的内容。在综合过程中，每当综合器在较高层次的 VHDL 源文件中遇到库语言，就将随库指定的源文件读入，并参与综合。这就是说，在综合过程中，所要调用的库必须以 VHDL 源文件的方式存在，并能使综合器随时读入使用。为此必须在这一设计实体前使用库和 USE 语句。有些库被 IEEE 认可，成为 IEEE 库；IEEE 库存放了 IEEE 标准 1076 中标准设计单元。通常，库中放置不同数量的程序包，而程序包中又可放置不同数量的子程序；子程序中又含有函数、过程、设计实体（元件）等基础设计单元。

VHDL 的库分为两类：一类是设计库，如在具体设计项目中用户设定的文件目录所对应的 WORK 库；另一类是资源库，是常规元件和标准模块存放的库。

（1）库的种类

VHDL 程序设计中常用的库有 IEEE 库、STD 库、WORK 库及 VITAL 库。

① IEEE 库　IEEE 库是按国际 IEEE 组织制定的工业标准进行编写的内容丰富的标准资源库，最为常用。它包含有 IEEE 标准的 STD_LOGIC_1164、NUMERIC_BIT 和 NUMERIC_STD 等程序包；已成事实上的工业标准的 STD_LOGIC_ARITH、STD_LOGIC_SIGNED 和 STD_LOGIC_UNSIGNED 程序包，其中的 STD_LOGIC_1164 是最重要和最常用的程序包，大部分基于数字系统设计的程序包，都是以此程序包中设定的标准为基础的。对于这些程序包的内容，可直接打开 IEEE 库文件查阅。

一般基于 FPGA/CPLD 的开发，IEEE 库中 STD_LOGIC_1164、STD_LOGIC_ARITH、STD_LOGIC_SIGNED 和 STD_LOGIC_UNSIGNED 的 4 个程序包已足够使用。另外需要注意的是，在 IEEE 库中符合 IEEE 标准的程序包并非符合 VHDL 语言标准，如 STD_LOGIC_1164 程序包。因此在使用 VHDL 设计实体的前面必须以显式表达出来。

② STD 库　在 STD 库中收录了 STANDARD（标准程序包）和 TEXTIO（文件输入/输出程序包）两个标准程序包。由于 STD 库符合 VHDL 标准，在 VHDL 应用环境中，可随时调用，不必显式表达。

③ WORK 库　WORK 库是用户的现行工作库，用于存放用户设计和定义的一些设计单元和程序包，是用户自己的仓库。用户设计项目的成品、半成品模块，以及先期已设计好的元件都放在其中。WORK 库自动满足 VHDL 标准，在实际调用中，也不必以显式说明。

基于 VHDL 所要求的 WORK 库的基本概念，在 PC 机或工作站上利用 VHDL 进行项目设计，不允许在根目录下进行，必须为此设定一个文件夹，用于保存设计文件，VHDL 综合器将此文件夹默认为 WORK 库。

④ VITAL 库　使用 VITAL 库，可以提高 VHDL 门级时序模拟的精度，因而只在 VHDL 仿真器中使用。

（2）库的调用

在 VHDL 中，库的说明语句总是放在实体单元前面。库的用处在于使设计者可以共享已经完成的设计成果。

库语句关键词 LIBRARY 指明所使用的库名，一般必须与 USE 语句同用，USE 语句指明库中的程序包。USE 语句的使用，将使所说明的程序包对本设计实体部分或全部开放，即是可视的。

USE 语句的使用有两种常用格式：

```
USE 库名.程序包名.项目名;
USE 库名.程序包名.all;
```

例如使用 IEEE 库中的 STD_LOGIC_1164 程序包的所有项目的描述为：

```
LIBRARY IEEE;
USE IEEE. STD_LOGIC_1164. ALL;
```

4.2.2　实体

VHDL 实体描述了电路与外部的接口，规定了设计单元的输入输出接口信号或引脚，是对外的一个通信界面。一般格式为：

```
ENTITY　实体名　IS
　［GENERIC(类属表)；］
　　PORT(端口表)；
　END　ENTITY　实体名；
```

实体应以语句"ENTITY 实体名 IS"开始，以语句"END ENTITY 实体名；"结束，其中的实体名由设计者自己命名，但必须与 VHDL 程序的文件名相同。格式［　］中的部分为可选项，以下类同。

（1）类属说明

类属为实体与外界通信提供了一种静态信息通道，用来规定端口的大小、总线宽度和实体中子元件的数目等。被传递的参数（或称类属参量）与普通常数不同，常数只能从设计实体的内部得到赋值，且不能改变，而类属值可以由设计实体外部提供，接受赋值。一般格式为：

```
GENERIC(常数名:数据类型:［设定值］；
　　　　　…
　　　　常数名:数据类型:［设定值］)；
```

例如：GENERIC（width：INTEGER：=32）
（示例参见 7.4 节，例 7-11、例 7-12 和例 7-13。）

（2）端口说明

端口是对一个设计实体界面及对设计实体与外部电路的接口通道的说明，其中包括对接口的输入输出模式和数据类型的定义，一般格式为：

```
PORT(端口名:端口模式:数据类型；
　　　…
　　端口名:端口模式:数据类型)；
```

端口名是设计者为实体的每一个对外通道所取的名字；端口模式是指这些通道上的数据流动方向和方式，可以综合的端口模式有 IN、OUT、INOUT 和 BUFFER 四种（表4-1）；数据类型是指端口上流动的数据的取值类型，VHDL 要求只有相同数据类型的端口信号和操作数才能相互作用。

表 4-1　端口说明

方向	说明
IN	输入到实体
OUT	从实体输出
INOUT	双向
BUFFER	输出（但可以反馈到实体内部）

（3）映射语句

映射语句包括参数传递映射语句（Generic Map）和端口映射语句（Port Map），具有相似的功能和使用方法。

参数传递映射语句描述相应元件类属参数间的衔接和传递方式。可用于设计从外部端口改变元件内部参数或结构规模的元件，或称类属元件，这些元件在例化中特别方便，一般格式为：

GENERIC MAP(类属表);

端口映射是本结构体对外部元件调用和连接过程中描述元件间端口的衔接方式，一般格式为：

PORT MAP([端口名 =>] 连接端口名,…);

端口名是已定义好的元件端口的名字，连接端口名则是准备接入的元件对应端口名。端口名与连接端口名的接口表达有名字和位置两种关联方式。

名字关联方式：端口名和关联符号" =>"两者都是必须存在的，端口名与连接端口名的对应式的位置可以是任意的。

位置关联方式：端口名和关联连接符号都可省去，在 PORT MAP 子句中，只要列出连接端口名，但要求连接端口名的排列方式与定义中的端口名一一对应。

（示例参见 7.3 节的例 7-7。）

4.2.3　结构体

结构体完成电路功能与结构的描述，一般格式为：

ARCHITECTURE　结构体名　OF　实体名　IS
　[说明语句];
　BEGIN
　　构造语句;
　END 结构体名;

实体名是该电子实体对应的实体语句所定义的实体名字。

结构体名是设计人员自定义的电子实体的结构体名字，一个实体可以对应多个结构体。

说明语句为实现该电子实体硬件电路功能所需的常量、变量、元件及电子实体内部的信号连接，均要进行说明。

构造语句是对电子实体硬体电路功能的具体描述，最常用的有行为描述、结构描述、逻辑描述和混合描述，是 VHDL 中最复杂的组成部分，详见 4.4 节。

4.3　VHDL 语言要素

4.3.1　文字规则

（1）关键字

VHDL 要求使用者必须遵循已定义的关键字（保留字）的一整套规则。"关键字"是 VHDL 中具有特殊意义的单词，不能它用。常用关键字见表 4-2。

表 4-2　常用关键字

ABS	ACCESS	AFFER	ALIAS	ALL	AND
ARCHITECTURE	ARRAY	ASSERT	ATTRIBUTE	BEGIN	BLOCK
BODY	BUFFER	BUS	CASE	COMPONENT	CONFIGURATION
CONSTANT	DISCONNECT	DOWNTO	ELSE	ELSIF	END
ENTITY	EXIT	FILE	FOR	FUNCTION	GENERATE
GENERIC	GUARDED	IF	IMPURE	IN	INERTIAL
INOUT	IS	LABEL	LIBRARY	LINKAGE	LITERAL
LOOP	MAP	MOD	NAND	NEW	NEXT
NOR	NOT	NULL	OF	ON	OPEN
OR	OTHERS	OUT	PACKAGE	PORT	PROCEDURE
PROCESS	RANGE	RECORD	REGISTER	REM	REPORT
RETURN	ROL	ROR	SELECT	SEVERITY	SHARED
SIGNAL	SLA	SLL	SRA	SRL	SUBTYPE
THEN	TO	TRANPORT	TYPE	UNAFFECTED	UNITS
UNTIL	USE	VARIABLE	WAIT	WHEN	WHILE
WITH	XNOR	XOR			

（2）标识符

标识符用来定义常数、变量、信号、端口、子程序或参数的名字。VHDL 基本标识符必须以英文字母开头，由 26 个大小写英文字母（不区分大小写）、数字 0~9 及下划线 "_" 组成，下划线不可连用，不可结尾。

VHDL'93 标准还支持扩展标识符。扩展标识符以反斜杠来界定，可以用数字开头，允许包含图形符号、空格符。目前仍有许多 VHDL 工具不支持扩展标识符。

特别提醒："+""−""　"（空格），是最忌讳的符号，会产生歧义，千万不要用！

（3）下标名

下标名用于指示数组型变量或信号的某一元素，其语句格式如下：

> 标识符(表达式)；

标识符必须是数组型的变量或信号的名字，表达式所代表的值必须是数组下标范围中的一个值，这个值将对应数组中的一个元素。

如果这个表达式是一个可计算的值，则此操作数可以综合。如果是不可计算的，则只能在特定的情况下综合，且耗费资源较大。

段名即多个下标名的组合。段名将对应数组中某一段的元素。段名的表达形式：

> 标识符(表达式　方向　表达式)；

表达式的数值必须在数组元素下标号范围以内，并且必须是可计算的立即数。方向用"TO"表示数组下标序列是升序，如（2 TO 8）；用"DOWNTO"表示数组下标序列是降序，如（8 DOWNTO 2），所以段中两表达式值的方向必须与原数组一致。

4.3.2　数据对象

在 VHDL 中，凡是可以赋予一个值的客体叫对象。对象也可认为是数值的载体，87 版只定义常量、变量、信号三个对象，93 版新增加文件对象。

（1）常量

常量（CONSTANT）是一个固定值的量，只能进行一次赋值，是全局量，通常在程序开始前进行，在实体描述、结构体描述、程序包说明、过程说明、函数说明、进程说明中使用。其使用范围取决于其定义位置。一般格式为：

> CONSTANT　常量名:数据类型[:=初值或表达式]；
> 例:CONSTANT　Vcc:REAL:=3.3v；——定义芯片的电源供电电压为 3.3V

（2）变量

变量（VARIABLE）可以被多次赋值，一旦赋值则立即生效，是局部量，只能在进程语句、函数语句和过程语句中使用。变量的数据类型一般是标量或复合类型，但不能是文件或存取类型。变量书写格式与常量相似，只是关键字不同，一般格式为：

> VARIABLE　变量名:数据类型及约束[:=初值或表达式]；
> 例：VARIABLE n:INTEGER RANG 0 TO 99；——定义变量 n 取值范围为 0~99 的整型

（3）信号

信号（SIGNAL）可以被多次赋值，一般要经过一定时间延迟后才生效，是全局量。信号指电子实体中硬件电路间连接的抽象表示，在内部传递不断变化的信号值。在实体描述、结构体描述和程序包中说明，不能在进程中说明，只能在进程中使用。一般格式为：

> SIGNAL　信号名:数据类型及约束[:=初值或表达式]；
> 例:SIGNAL rst;IN STD_LOGIC:=1;——定义复位信号 rst 为输入逻辑型,初值为 1

常量、变量、信号的区别见表 4-3。

表 4-3　常量、变量、信号的区别

对象	常量	变量	信号
赋值，全局量/局部量	一次赋值，全局量	多次赋值，局部量	多次赋值，全局量
有无延迟	—	立即生效	延迟
赋值号	:=	:=	<=
定义范围	均可存在	进程，函数，过程	实体，结构体，程序包

（4）文件

文件是传输大量数据的载体，包括各种数据类型的数据。用 VHDL 语言描述时序仿真的激励信号和仿真波形的输出，一般都要用文件类型。在 IEEE 1076 标准 TEXIO 程序包中定义了文件 I/O 传输方法，调用这些过程就能完成数据的传输。

常量、变量、信号、文件都是可以赋值的客体，掌握这些客体的规范书写及使用方法，灵活地用在 VHDL 语言的程序设计中，对程序设计进行编译、综合、仿真、时序分析、故障测试都很重要。

4.3.3　数据类型

在 VHDL 语言中，常量、变量、信号都要指定数据类型，因此 VHDL 语言定义了多种数据类型，且数据类型定义非常严格，不同类型之间的数据不能直接代入或进行运算，即使数据类型相同，位长不同也不能直接代入（强类型语言）。另外还可以由设计人员自定义数据类型，使 VHDL 语言描述具有更大的灵活性。

（1）预定义标准数据类型

VHDL 的预定义数据类型都是在 VHDL 标准程序包 STANDARD 中定义的，包括整数、自然数、实数、位和位矢量、字符和字符串、布尔量、物理数和错误等级等。

① 整数（INTEGER）　取值范围是 $-2147483647 \sim 2147483647$，可用 32 位有符号的二进制数表示。

② 自然数（NATRUAL）　整数的子类型，其表示方法与整数相同。

③ 实数（REAL）　与数学上实数定义相同，也称浮点数，其取值范围为 $-1.0E38 \sim 1.0E38$。实数类型只能在仿真器中使用，VHDL 语言的逻辑综合不支持实数。

④ 位和位矢量（BIT，BIT_VECTOR）　BIT 属于枚举型，取值只能是 1 或者 0。位矢量必须注明位宽，即数组中的元素个数和排列。书写时 BIT 用单引号；BIT_VECTOR 用双引号来表示。

> 例如:SIGNSL a :BIT_VECTOR（0 TO 7）；

⑤ 字符和字符串（CHARACTER，STRING） 其书写方法与位和位矢量相似，记录时用 ASCII 码表示。VHDL 语言虽然对英文字母的大小写不敏感，但字符和字符串中大小写是有区别的，因其 ASCII 码不一样。

⑥ 布尔量（BOOLEAN） 是二值枚举型数据，其取值为 FALSE（伪）和 TRUE（真）两种。综合器将用一个二进制位表示 BOOLEAN 型变量或信号。布尔量只能通过关系运算符获得。一般用于 IF 等分支语句中，作为分支转向的条件。

⑦ 物理数（PHYSICAL） 物理数的数值大小由整数或浮点数表示，后面加上一个物理单位。常用单位如下。

时间：fs（飞秒），ps（皮秒），ns（纳秒），μs（微秒），ms（毫秒），sec（秒），min（分），hr（时）。

电压：μV（微伏），mV（毫伏），V（伏），kV（千伏）。

电流：pA（皮安），μA（微安），mA（毫安），A（安培），kA（千安）。

电阻：Ohm（欧姆），kOhm（千欧），MOhm（兆欧）。

⑧ 错误等级（SEVERITY LEVEL） 表征 VHDL 在编译、综合、仿真过程的工作状态。共有四种状态：note（注意），warning（警告），error（出错），failure（失败）。一般前两种可以继续执行；后两种会暂停执行，设计人员必须按照提示修改错误，然后重新执行。

（2）自定义数据类型

自定义数据类型主要有枚举、整数和数组等，以及自定义子类型。

① 枚举类型（Enumerated） 用符号代替数字的一种特殊数据类型，使设计人员便于阅读。

```
例   定义 STD_LOGIC 九态数据类型：
     TYPE STD_LOGIC IS
       ('U','X','0','1','Z','W','L','H','–');
```

② 整数 在 VHDL 程序包中已做定义，但其取值范围太大。在使用时，VHDL 综合器要求用 RANGE 子句限定范围，设计人员必须对整数的取值范围按实际需要进行再定义，以便降低逻辑综合的复杂性和提高芯片资源的利用率。一般格式为：

```
TYPE  数据类型名  IS  数据类型及范围；
例：TYPE num IS INTEGER RANGE 0 TO 255；——定义数 num 取值范围为 0~255
```

③ 数组类型（ARRAY） 由若干相同类型的数据元素组成，一般是一维的。用 RANGE 表示约束取值范围，用 TO 表示升序，用 DOWNTO 表示降序。一般格式为：

```
TYPE  数组名  IS  ARRAY 数组下标范围  OF  数据类型；
例：TYPE dbus IS ARRAY(7 DOWNTO 0)OF BIT；——定义 8 位数据总线 dbus
```

④ 子类型 子类型是对其父类型增加一定的限制条件，一般格式为：

```
SUBTYPE  子类型名  IS  数据类型名及范围；
```

4.3.4　类型转换

VHDL 属强类型语言，每一对象只能用一种数据类型，不同类型之间的数据不能直接代入或进行运算，即使数据类型相同，位长不同也不能直接代入。若数据类型不一致，则需要转换一致后才能进行赋值或运算。

（1）用类型标记实现类型转换

用类型标记可实现类型转换，但这种转换一般只适用于关系比较密切的类型，如整数与实数。例：

> VARIABLE a：INTEGER；
>
> VARIABLE b：REAL；
>
> a:=INTEGER(b)；——把变量 b 取整以后赋值给 a，若小数点后的数大于 5，取整时舍入是随机的
>
> b:=REAL(a)；——把变量 a 加上小数点变实数后赋值给 b

（2）用转换函数实现类型转换

IEEE 标准库里的程序包定义了类型转换函数，设计人员可以直接调用。类型转换函数见表 4-4。

表 4-4　IEEE 库类型转换函数表

程序包	函数名	功能
STD_LOGIC_1164	TO_STD_LOGIC_VECTOR（A）	由 BIT_VECTOR 转换为 STD_LOGIC_VECTOR
	TO_BIT_VECTOR(A)	由 STD_LOGIC_VECTOR 转换为 BIT_VECTOR
	TO_STD_LOGIC(A)	由 BIT 转换为 STD_LOGIC
	TO_BIT(A)	由 STD_LOGIC 转换为 BIT
STD_LOGIC_ARITH	CONV_STD_LOGIC_VECTOR（A，位长）	由 INTEGER、SIGNED、UNSIGNED 转换为 STD_LOGIC_VECTOR
	CONV_INTEGER(A)	由 STD_LOGIC_VECTOR 转换为 INTEGER
STD_LOGIC_UNSIGNED	CONV_INTEGER(A)	由 STD_LOGIC_VECTOR 转换为 INTEGER

4.3.5　运算操作符

VHDL 预定义了算术运算（arithmetic）、逻辑运算（logical）、关系运算（relational）、并置运算（concatenation）4 种运算操作符。

（1）运算操作符

① 算术运算符

a. +——加运算　　　　　　　　e. **——指数运算

b. -——减运算　　　　　　　　f. MOD——求模运算

c. *——乘运算　　　　　　　　g. REM——取余运算

d. /——除运算　　　　　　　　h. ABS——取绝对值

i. SLL——逻辑左移　　　l. SRA——算术右移

j. SRL——逻辑右移　　　m. ROL——逻辑循环左移

k. SLA——算术左移　　　n. ROR——逻辑循环右移

其中，i~n 的六种算术运算符是 VHDL'93 版新增的运算符。

② 逻辑运算符

a. NOT——非运算　　　e. NOR——或非运算

b. AND——与运算　　　f. XOR——异或运算

c. OR——或运算　　　g. XNOR——异或非运算

d. NAND——与非运算

其中，XNOR 是 VHDL'93 版增加的逻辑运算符。

③ 关系运算符

a. =——等于　　　d. >——大于

b. /=——不等于　　　e. <=——小于等于

c. <——小于　　　f. >=——大于等于

④ 正、负、并置运算符

a. +——正

b. -——负

c. &——并置运算（连接）　设 a=011，b=11，请问 a&b=？

（2）优先级

为使运算操作符方便运算及层次分明，VHDL 还规定了运算操作符的优先级，见表 4-5。

表 4-5　运算操作符的优先级排列表

优先级顺序	操作符	操作数据类型
最高 ↑ 最低	NOT	位逻辑、std 标准逻辑、位矢量、std 标准逻辑矢量、布尔型
	ABS	整数
	**	整数
	REM	整数
	MOD	整数
	/	整数、实数、物理数
	*	整数、实数、物理数
	-（负）	整数、实数、物理数
	+（正）	整数、实数、物理数
	&	位连接一维数组
	-	整数、实数、物理数
	+	整数、实数、物理数
	ROR	位逻辑、位矢量、位矢量的一维数组
	SOL	位逻辑、位矢量、位矢量的一维数组
	SRA	位逻辑、位矢量、位矢量的一维数组
	SLA	位逻辑、位矢量、位矢量的一维数组
	SRL	位逻辑、位矢量、位矢量的一维数组

优先级顺序	操作符	操作数据类型
最高	SLL	位逻辑、位矢量、位矢量的一维数组
	>=	整数、实数、位、一维数组
	>	整数、实数、位、一维数组
	<=	整数、实数、位、一维数组
	<	整数、实数、位、一维数组
	/=	任何数据类型
	=	任何数据类型
	XNOR	位逻辑、std 标准逻辑、位矢量、std 标准逻辑矢量、布尔型
	SOR	位逻辑、std 标准逻辑、位矢量、std 标准逻辑矢量、布尔型
	NOR	位逻辑、std 标准逻辑、位矢量、std 标准逻辑矢量、布尔型
	NAND	位逻辑、std 标准逻辑、位矢量、std 标准逻辑矢量、布尔型
最低	OR	位逻辑、std 标准逻辑、位矢量、std 标准逻辑矢量、布尔型
	AND	位逻辑、std 标准逻辑、位矢量、std 标准逻辑矢量、布尔型

（3）赋值号

VHDL 语言共定义两种不同的赋值符号，常量、变量、信号等通过赋值改变其保存的数值。

: = 立即赋值符：将右边表达式的值赋给左边的对象且立即生效，用于常量、变量赋值，信号只限于赋初值。

<= 延迟赋值符：将右边表达式的值经一定时间延迟后，赋值给左边的对象，用于信号赋值。

4.3.6 属性

VHDL 中具有属性的项目有类型、子类型、过程、函数、信号、变量、常量、实体、结构体、配置、程序包、元件和语句标号等，用于对项目的属性检测或统计。属性的值与数据对象（信号、变量和常量）的值完全不同。在任一给定的时刻，一个数据对象只能具有一个值，但却可以具有多个属性。允许设计者自定义属性。其一般格式为（示例参见 5.2.2 节的例题 5-12；5.4.1 节的例题 5-20；7.1 节的例题 7-1）：

项目名'属性

① 信号类属性 最常用的是' EVENT，测定某信号的跳变情况。

例如:clk' EVENT AND clk ='1' ——表示时钟的上升沿

EVENT 是事件的意思，clk' EVENT 就是时钟的事件。可以这样理解：有变化就有事件发生，没有变化就没有事件发生，参考图 4-1，那只有从低电平到高电平、从高电平到低电平这两种情况了，再加上 clk ='1'，即时钟的上升沿。

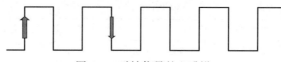

图 4-1　时钟信号的上升沿

② 数据区间类属性　'RANGE［(n)］对属性项目取值区间进行测试，返回的区间次序与原项目次序相同。

③ 数值类属性　主要有'LEFT、'RIGHT、'HIGH 及'LOW，对属性项目的一些数值特性进行测试。

④ 数组属性　'LENGTH 对数组的宽度或元素的个数进行测定。

4.4　VHDL 的基本描述语句

4.4.1　顺序语句

顺序语句（Sequential Statements）是相对于并行语句而言的，其执行顺序与其书写顺序是基本一致的，只能出现在进程和子程序中，子程序包括函数和过程。VHDL 有 6 类基本顺序语句：赋值语句、流程控制语句、等待语句、子程序调用语句、返回语句和空操作语句。

（1）赋值语句

赋值语句的功能，就是将一个表达式的运算结果传递给某一数据对象。VHDL 设计实体的数据传递，以及对端口界面外部数据的读写，都必须通过赋值语句来实现。

赋值语句由赋值目标、赋值符号和赋值源 3 个基本部分组成。赋值目标是赋值的受体，可以是常量、变量或信号；赋值源是赋值的主体，可以是一个逻辑或运算表达式。赋值目标与赋值源的数据类型必须严格一致。VHDL 定义了两种不同的赋值符号：立即赋值符"：="和延迟赋值符"<="（示例参见 6.4 节的例 6-1）。

（2）IF 语句

IF 语句是以布尔表达为条件，按条件的真假实现程序的分支。一般格式为：

```
IF 条件  1  THEN
    顺序语句；
［ELSIF  条件 2  THEN
    顺序语句；］
…
［ELSE
    顺序语句；］
END IF；
```

IF 语句格式中的条件 1、条件 2 是布尔表达式。用 IF 语句可实现选择控制。其中 ELSIF

可有 0 到多个，ELSE 可有 0 到 1 个，最后必须以 END IF 结束。

0 个 ELSIF、0 个 ELSE 形成单条件控制；0 个 ELSIF、1 个 ELSE 形成二选择控制；多个 ELSIF、1 个 ELSE 形成多选择控制；还可以形成 IF 语句的嵌套。IF 语句嵌套中的下层 IF 语句，必须满足上层 IF 语句的条件，按照满足下层 IF 的各个不同条件，分别执行相应的顺序语句（示例参见 5.1.2 节的例 5-2；5.2.3 节的例 5-14）。

（3）CASE 语句

从语句序列中许多不同的条件中选择其中之一执行相应的操作，适用于描述总线或编码、译码等行为。一般格式为：

```
CASE 表达式 IS
    WHEN 条件表达式 => 顺序语句;
    WHEN 条件表达式 => 顺序语句;
    ...
    WHEN OTHERS => 顺序语句;
END CASE;
```

当 CASE 和 IS 之间的表达式取值满足 WHEN 后面的条件时，执行相应的操作。在 CASE 语句中，每个 WHEN 语句指定了信号赋值的必要条件，次序颠倒不至于产生错误；而在 IF 语句中的条件不能颠倒，否则条件表达式的条件可能相反，综合的逻辑功能可能会产生错误（示例参见 5.1.1 节的例题 5-1）。

（4）LOOP 语句

LOOP 语句可以使所包含的一组顺序语句被循环执行，其执行次数可由设定的循环参数决定。LOOP 语句的常用表达方式有两种。

① LOOP 语句，其格式如下：

```
[LOOP 标号:] LOOP
    顺序语句;
END LOOP [LOOP 标号];
```

这种语句的循环需要引入其他控制语句（如 EXIT 语句）才能结束循环。

② FOR_LOOP 语句，其格式如下：

```
[LOOP 标号:] FOR   循环变量   IN   范围   LOOP
    顺序语句;
END LOOP [LOOP 标号];
```

FOR 后的循环变量是一个临时变量，由 LOOP 语句自动定义。循环变量从初值开始，每次递增 1，直至达到循环次数范围指定的最大值（示例参见 5.2.2 节的例题 5-11）。

（5）NEXT 语句

主要用在 LOOP 语句中，执行有条件或无条件转向控制。一般格式为：

> NEXT［LOOP 标号］［WHEN 条件表达式］;

当LOOP内的顺序语句执行到NEXT语句时，即刻无条件终止当前的循环，跳回到本次循环LOOP语句处，开始下一次循环。如果有［LOOP 标号］，则跳转到指定标号的LOOP语句处，重新开始执行循环操作。如果有［WHEN 条件表达式］，并且其值为true，则执行NEXT语句，进入跳转操作，否则继续向下执行。

（6）EXIT 语句

与NEXT语句具有十分相似的语句格式和跳转功能，都是内部循环控制语句，唯一的区别是EXIT语句的跳转方向是LOOP标号指定的循环语句的结束处，即完全跳出循环。一般格式为：

> EXIT［LOOP 标号］［WHEN 条件表达式］;

（7）WAIT 语句

在进程或过程中，当执行到WAIT语句时，运行程序将被挂起（Suspension），直到满足条件后，才重新开始。WAIT语句有多种不同的格式，其中只有WAIT_UNTIL格式可以被综合器接受，称之为条件等待语句。一般格式为：

> WAIT UNTIL 条件表达式;
> 例如:WAIT UNTIL clk'EVENT AND clk='1';

条件等待语句中多了一种重新启动的条件，即被此语句挂起的进程需顺序满足如下两个条件，才能脱离挂起状态，即：
① 在条件表达式中所含的信号发生了改变；
② 此信号改变后，且满足WAIT语句所设的条件（示例参见5.2.2节的例题5-11；5.4.1节的例题5-20）。

（8）子程序调用语句

在进程中允许对子程序进行调用。对子程序的调用语句是顺序语句的一部分。子程序包括过程和函数，可以在VHDL的结构体或程序包中的任何位置对子程序进行调用。

4.4.2 并行语句

并行语句（Concurrent Statements）在结构体中的执行是同步进行的，其执行顺序与书写的顺序无关。并行语句之间可以有信息往来，也可以是互为独立、互不相关。每一并行语句内部可以是并行或顺序执行两种不同的方式。

（1）进程语句

在结构体的行为描述中，用一个顺序执行的程序段来描述一个电子实体的行为，叫进程语句，简称进程（PROCESS）。进程结构内部所有语句顺序执行，进程之间是并行执行的。进程在其敏感信号发生变化的时候执行，变化一次执行一次，不变化不执行。一般格式为：

> ［进程名:］PROCESS ［(敏感信号表)］
> 　　说明；
> 　　BEGIN
> 　　顺序语句；
> 　ENDPROCESS ［进程名］；

PROCESS 是进程语句的关键字。若一个构造体用多个进程进行描述，则每个进程应有不同的名称，以示区别。

说明用于定义除信号外的局部数据环境。信号是全局量，必须在进程外说明，在进程内使用。

顺序语句使用时，要注意其执行的顺序性和时间的并行性。进程中的敏感信号变化时，该进程内的顺序语句按先后次序执行一次，其时间计算的起点是相同的（示例参见 5.1.5 节的例 5-5 和例 5-6）。

（2）并行信号赋值语句

有简单信号赋值语句、条件信号赋值语句和选择信号赋值语句 3 种形式。每一信号赋值语句都相当于一条缩写的进程语句，其所有输入信号都被隐性地列入到敏感信号表中。这意味着，在每一条并行信号赋值语句中，所有的输入、输出和双向信号都处于所在结构体的严密监测中，任何信号的变化都将启动相关并行语句的赋值操作，而这种启动完全是独立于其他语句的，可以直接出现在结构体中。

① 简单信号赋值语句，一般格式为：

> 目标信号 <= 表达式；

② 条件信号赋值语句，一般格式为：

> 目标信号 <= 表达式　　WHEN　　赋值条件　　ELSE
> 　　　　　 表达式　　WHEN　　赋值条件　　ELSE
> 　　　　　 …
> 　　　　　 表达式；

条件信号赋值语句将每一个满足赋值条件所对应的表达式的值赋给目标信号。注意，ELSE 不可省略，最后一项表达式可以不跟条件子句，用于表示以上各条件都不满足时，则将此表达式赋予目标信号（示例参见 4.2 节的例题 4-1）。

③ 选择信号赋值语句，一般格式为：

> WITH　　选择表达式　　SELECT
> 　目标信号 <= 表达式 1　　WHEN　　选择值 1，
> 　　　　　　表达式 2　　WHEN　　选择值 2，

```
    …
表达式 n WHEN OTHERS;
```

选择信号语句中也有敏感量，即关键词 WITH 后面的选择表达式，每当其值发生变化时，就将启动此语句对各子句的选择值进行测试对比，当发现有满足条件的子句时，就将此子句表达式中的值赋给目标信号。选择赋值语句不允许有条件的重叠，也不允许存在条件涵盖不全的情况（示例参见 5.1.3 节的例 5-3）。

（3）块语句

块（BLOCK）语句是 VHDL 中的一种划分机制，允许设计者合理地将一个模块分为数个区域，每个块都能对其局部信号、数据类型和常量加以描述和定义。任何能在结构体的说明部分进行说明的对象都能在 BLOCK 中进行，结构体本身就等价于一个 BLOCK。其主要目的是提高可读性，或是关闭某些信号。VHDL 综合器将略去所有的块语句。一般格式为：

```
[块名:]BLOCK [(块保护表达式)]
   [接口说明;]
   [类属说明;]
     BEGIN
       并行语句;
END BLOCK [块名];
```

接口说明类似于实体的定义部分，可包含由关键词 PORT 和 GENERIC 引导的接口说明等语句，对 BLOCK 的接口设置及与外界信号的连接状况加以说明。

块的 GENERIC 说明部分和接口说明部分的适用范围仅限于当前 BLOCK，所有这些说明对外部来说是不透明的，可以由外部环境所调用，但对内层的块却是透明的，即可将信息向内部传递。

（4）元件例化语句

元件例化语句由元件定义语句和元件例化语句两部分组成。

元件定义语句是把一个现成的设计实体定义为一个元件，相当于对一个现成的设计实体进行封装，使其只留出对外的接口界面。其类属表可列出端口的数据类型和参数，端口名表可列出对外通信的各端口名。一般格式为：

```
COMPONENT  元件名  IS
   GENERIC (类属表);
   PORT (端口名表);
END  COMPONENT  元件名;
```

元件例化语句，即调用元件，对与当前设计实体的连接进行说明。例化可以是多层次的。一般格式为：

```
[例化名:] 元件名  PORT  MAP([端口名=>] 连接端口名,…);
```

（示例参见 5.2.2 节的例 5-10；7.3 节的例 7-7）。

提示　还记得我们第一次做的一位全加器（add 顶层文件，图 3-29）吗？用例化语句存在不直观、易出错等问题。因此，部分设计人员做了如下选择：底层用代码，顶层用图形。

（5）生成语句

在设计中，只要根据某些条件设定好某一元件或设计单位，就可以利用生成语句复制一组完全相同的并行元件或结构，可以简化为有规则设计结构的逻辑描述。两种形式如下。

① FOR_GENERATE 语句

> ［标号:］FOR　循环变量　IN　取值范围　GENERATE
> 　说明;
> 　BEGIN
> 　　并行语句;
> END GENERATE ［标号］;

主要用来描述设计中一些有规律的单元结构。需注意，从软件运行的角度上看，FOR 语句格式中生成参数（循环变量）的递增方式具有顺序性，但从最后生成的设计结构却是完全并行的。

② IF_GENERATE 语句

> ［标号:］IF　条件　GENERATE
> 　说明;
> 　BEGIN
> 　　并行语句;
> END GENERATE ［标号］;

一些电路从总体上看是由许多相同结构的电路模块组成的，但其两端却是不规则的，无法直接使用 FOR_GENERATE 语句来描述。例如，由多个 D 触发器构成的移位寄存器，它的串入和串出的两个末端结构是不一样的。对于这种内部由多个规则模块构成而两端结构不规则的电路，可以用 FOR_GENERATE 语句和 IF_GENERATE 语句共同描述（示例参见 5.2.2 节的例题 5-10）。

（6）并行过程调用语句

并行过程调用语句，可以作为一个并行语句直接出现在结构体中或块语句中，其功能等效于包含了同一个过程调用语句的进程，其调用格式与顺序过程调用语句是相同的，常用于获得被调用过程的多个并行工作的复制电路。

4.4.3　其他语句

（1）RETURN 语句

返回语句只能用在子程序体中，用来结束当前子程序体。一般格式为：

```
RETURN  [表达式];
```

执行返回语句将结束子程序的执行，无条件地跳转至子程序的结束处。

省略格式只能用于过程，并不返回任何值。

完整格式只能用于函数，每一函数必须至少包含一个返回语句，只有一个返回语句将值返回。

（2） NULL 语句

不执行任何操作，唯一的功能是使流程跨入下一步。常用于 CASE 语句中，为满足所有可能的条件，利用 NULL 来排除一些不用的条件。一般格式为：

```
NULL;
```

（示例参见 5.4.1 节的例 5-20）。

（3） REPORT 语句

REPORT 语句报告有关信息，本身不可综合，主要用以提高人机对话的可读性，监视某些电路的状态。一般格式为：

```
REPORT 字符串;
```

（4） 断言语句

断言语句主要用于程序调试、时序仿真时的人机对话，综合中被忽略而不会生成逻辑电路，只用于监测某些电路模型是否正常工作等。一般格式为：

```
ASSERT   条件表达式;
REPORT   出错信息;
SEVERITY   错误级别;
```

4.5 子程序、 程序包和配置

4.5.1 子程序

子程序由一组顺序语句构成，并能将处理结果返回主程序的模块，可以反复调用。VHDL 提供了过程（Procedure）和函数（Function）两种子程序。

子程序定义由子程序首和子程序体两部分组成。在进程或结构体中，子程序首可以省略，子程序体放在结构体的说明部分；而在程序包中必须定义，子程序首放在包首，子程序体放在包体。

可以在结构体或程序包中的任何位置对子程序进行调用。从硬件角度讲，子程序的调用类似于元件模块的例化。也就是说，综合器为子程序的每一次调用生成一个电路逻辑块，不同的是，元件的例化将产生一个新的设计层次，而子程序调用只对应于当前层次的一个部分。

为了使已定义的常数、数据类型、元件调用说明及子程序等，能被其他的设计实体方便地访问和共享，可以将它们收集在一个 VHDL 程序包中。多个程序包可以并入一个 HDL 库中，使之适用于更一般的访问和调用范围。

（1）过程语句

过程通过参数进行内外信息的传递，参数需说明类别、类型和传递方向。一般格式为：

```
PROCEDURE   过程名(参数表)          ——过程首
PROCEDURE   过程名(参数表)  IS      ——过程体
    [说明语句;]
        BEGIN
    顺序语句;
END 过程名;
```

（2）函数语句

函数语句的作用是求值，有若干参数输入，但只有一个返回值作为输出。参数表中需说明参数名、参数类别和数据类型。RETURN 后面的数据类型表示返回值的类型，也称函数类型，一般格式为：

```
FUNCTION   函数名(参数表)   RETURN   数据类型          ——函数首
FUNCTION   函数名(参数表)   RETURN   数据类型  IS      ——函数体
    [说明语句;]
        BEGIN
        顺序语句;
END FUNCTION 函数名;
```

（3）子程序调用

① 过程调用　过程调用就是执行一个给定名字和参数的过程，其格式如下：

```
过程名 [([形参名=>]实参表达式 {,[形参名=>]实参表达式})];
```

括号中的实参表达式称为实参，它可以是一个具体的数值，也可以是一个标识符，是当前调用程序中过程形参的接受体。在此调用格式中，形参名即为当前欲调用的过程中已说明的参数名，即与实参表达式相联系的形参名。被调用中的形参名与调用语句中的实参表达式的对应关系有位置和名字关联法两种，前者可以省去形参名。一个过程的调用将分别完成以下 3 个步骤：

a. 将 IN 和 INOUT 模式的实参值赋给欲调用的过程中与它们对应的形参；

b. 执行这个过程；

c. 将过程中 OUT 和 INOUT 模式的形参值返回给对应的实参。

实际上，一个过程对应的硬件结构中，其标识形参的输入输出是与其内部逻辑相连的。

② 函数调用　函数调用与过程调用是十分相似的，不同之处是，函数调用是一个表达式，而过程调用是一个语句。调用函数将返还一个指定数据类型的值，函数的参量只能是输入值。

4.5.2　程序包

程序包（Package）的结构由包首和可选的包体两部分组成，定义一些公用的常数、数据类型和子程序等，可以供其他设计单元调用。

（1）常用预定义程序包

① STD_LOGIC_1164 程序包　是 IEEE 库中最常用的标准程序包，包含了一些数据类型、子类型和函数的定义，将 VHDL 扩展为一个能描述多值逻辑的硬件描述语言。该程序包中用得最多的是定义了满足工业标准的两个数据类型 STD_LOGIC 和 STD_LOGIC_VECTOR。

② STD_LOGIC_ARITH 程序包　预先编译在 IEEE 库中，在 STD_LOGIC_1164 程序包的基础上扩展了 3 个数据类型：UNSIGNED、SIGNED 和 SMALL_INT，并为其定义了相关的算术运算符和数据类型转换函数。

③ STD_LOGIC_UNSIGNED 和 STD_LOGIC_SIGNED 程序包　是 Synopsys 公司的程序包，预先编译在 IEEE 库中。重载了可用于 INTEGER 型及 STD_LOGIC 和 STD_LOGIC_VECTOR 型混合运算的运算符，定义了一个由 STD_LOGIC_VECTOR 型到 INTEGER 型的转换函数。STD_LOGIC_SIGNED 定义的运算符是有符号数的运算。

④ STANDARD 和 TEXTIO 程序包　是 STD 库中的预编译程序包。STANDARD（标准程序包）定义了许多基本的数据类型、子类型和函数。TEXTIO（文件输入/输出程序包）定义了支持文件操作的许多类型和子程序。

（2）自定义程序包

自定义程序包包含包首和包体两部分。

包首用来收集公共信息，其中包括数据类型、信号、子程序及元件等说明。将这些经常用到的并具有一般性的说明定义，放在包首中供随时调用，以提高设计效率和可读性。其结构如下：

```
PACKAGE [程序包名] IS
    [说明部分;]
END  [程序包名];
```

包体用来存放说明中的子程序及元件的具体内容。包首名与包体名相同，其结构如下：

```
PACKAGE BODY  [程序包名] IS
    [说明部分;]
END  [程序包名];
```

（示例参见 5.4.1 节的例 5-19 和例 5-20）。

4.5.3 配置

配置（Configuration）是指把特定的结构体关联到一个确定的实体，常用于较大的系统设计。主要为顶层设计实体指定结构体，或为参与例化的元件实体指定所希望的结构体，以层次方式来对元件例化作结构配置。一个实体可以拥有多个不同的结构体，利用配置说明为该实体指定一个结构体。格式如下：

CONFIGURATION　配置名　OF　实体名 IS
　　配置说明
END 配置名；

思考

（1）请描述数据对象常量、变量、信号的区别。

（2）预定义标准数据类型中有整数，我们为什么还要自定义？

（3）某同学编译【例 5-13】含异步清零和同步时钟使能的十进制计数器 cnt10 出错，错误提示：［can't determine definition of operator ""+""—found 0 possible definitions］，错误定位在第 25 行："cnt<=cnt+1；"你知道原因吗？

（4）请复述可综合性的概念。

（5）我们的程序为什么能并发执行？

第 5 章　常用模块电路的 VHDL 设计

【学习建议】

　　本章以常用的基本逻辑电路设计为例，对 VHDL 进行详细介绍，以使读者初步掌握用 VHDL 描述电路的基本方法。读者完全可以选看选做，不必系统都学，用到时再查看也可。

5.1　常用组合逻辑电路的设计

　　基本的组合逻辑电路，传统方法由普通的逻辑门或者专用芯片完成，对于大规模的数字电路设计来说，既花费时间又浪费资源。采用 VHDL，可以从行为、功能上对器件进行描述，简化设计，而且可读性大大增强。本节所要介绍的是组合逻辑电路中译码器、选择器、三态门和数据缓冲器的 VHDL 描述。

5.1.1　七段译码器

　　图 5-1 所示为共阴七段数码管，图 5-2 为其外部接口，FPGA 输出的每一位对应驱动数码管的一段，输出 1 表示点亮该位对应的段，输出 0 表示该段熄灭。若输出为 "0000111"，则 LED 显示 7。bcd 是 4 位的 BCD 码输入，dout 是 7 位输出，即要送到 LED 管显示用的 7 段

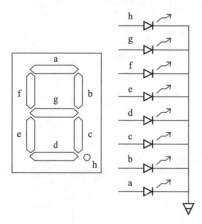

图 5-1　共阴数码管及其电路

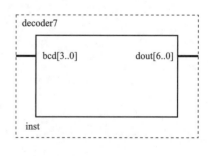

图 5-2　七段译码器外部接口

码。例 5-1 为其 VHDL 源代码。

★【例 5-1】　七段译码器 decoder7

七段译码器的 VHDL 源代码如下。

```
LIBRARY IEEE;
USE IEEE. STD_LOGIC_1164. ALL;

ENTITY decoder7 IS
  PORT(bcd:IN STD_LOGIC_VECTOR(3 DOWNTO 0);
       dout:OUT STD_LOGIC_VECTOR(6 DOWNTO 0));
END decoder7;

ARCHITECTURE rtl OF decoder7 IS

  BEGIN

    PROCESS(bcd)

      BEGIN

        CASE bcd IS
          WHEN "0000" => dout<="0111111";
          WHEN "0001" => dout<="0000110";
          WHEN "0010" => dout<="1011011";
          WHEN "0011" => dout<="1001111";
          WHEN "0100" => dout<="1100110";
          WHEN "0101" => dout<="1101101";
          WHEN "0110" => dout<="1111101";
          WHEN "0111" => dout<="0000111";
          WHEN "1000" => dout<="1111111";
          WHEN "1001" => dout<="1101111";
          WHEN OTHERS => dout<="0000000";
        END CASE;

      END PROCESS;

  END rtl;
```

请读者自行更改为十六进制译码、共阳方式译码。

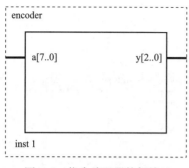

图 5-3 优先编码器外部接口

5.1.2 优先编码器

优先编码器常用于中断的优先级控制, 图 5-3 为其外部接口, 有 8 个输入端和 3 个输出端。当某一个输入端有效时 (低电平), 输出对应的 3 位二进制码。当同时有多个输入端有效时, 将优先级最高的那个输入对应的二进制编码输出。例 5-2 为其 VHDL 源代码。

★ 【例 5-2】 优先编码器 encoder
优先编码器的 VHDL 源代码如下。

```
LIBRARY IEEE;
USE IEEE. STD_LOGIC_1164. ALL;

ENTITY encoder IS
  PORT(a:IN STD_LOGIC_VECTOR(7 DOWNTO 0);
       y:OUT STD_LOGIC_VECTOR(2 DOWNTO 0));
END encoder;

ARCHITECTURE rtl OF encoder IS

  BEGIN

    PROCESS(a)

      BEGIN

        IF a(0)='0'        THEN y <= "000";
          ELSIF a(1)='0' THEN y <= "001";
          ELSIF a(2)='0' THEN y <= "010";
          ELSIF a(3)='0' THEN y <= "011";
          ELSIF a(4)='0' THEN y <= "100";
          ELSIF a(5)='0' THEN y <= "101";
          ELSIF a(6)='0' THEN y <= "110";
          ELSIF a(7)='0' THEN y <= "111";
          ELSE                 y <= "XXX";
        END IF;

      END PROCESS;

END rtl;
```

5.1.3　多路选择器

多路选择器用于几路输入信号的切换。例如 4 选 1 多路选择器是根据控制信号的状态，选择 4 路信号中的一路输出，用于 4 路信号的切换，图 5-4 为其外部接口，含 4 路信号输入端，2 位控制信号输入端，1 路信号输出端，2 位控制端有 4 种状态，每一种状态对应一路信号输出。例 5-3 为其 VHDL 源代码。

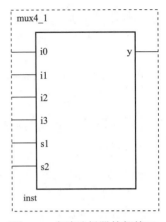

图 5-4　多路选择器外部接口

★【例 5-3】　4 选 1 多路选择器 mux4_1
　　4 选 1 多路选择器的 VHDL 源代码如下。

```
LIBRARY IEEE;
USE IEEE.STD_LOGIC_1164. ALL;

ENTITY mux4_1 IS
  PORT(i0,i1,i2,i3:IN STD_LOGIC;
        s1,s2:IN STD_LOGIC;
            y:OUT STD_LOGIC);
END mux4_1;

ARCHITECTURE behav OF mux4_1 IS
  SIGNAL sel:STD_LOGIC_VECTOR(1 DOWNTO 0);

    BEGIN

    sel<=s2 & s1;

      WITH sel SELECT
        y<= i0 WHEN "00",
            i1 WHEN "01",
            i2 WHEN "10",
            i3 WHEN "11",
            'X' WHEN OTHERS;

    END behav;
```

5.1.4　求补器

二进制运算经常要用到求补的操作。求补运算法则：正数补码与原码相同；负数补码在原码基础上，符号位（最高位）不变，其余按位取反后加1。以8位求补器为例，图5-5为其外部接口，例5-4为其VHDL源代码。

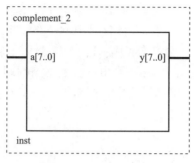

图5-5 求补器外部接口

★ 【例5-4】 8位求补器complement_2

8位求补器的VHDL源代码如下。

```
LIBRARY IEEE;
USE IEEE. STD_LOGIC_1164. ALL;
USE IEEE. STD_LOGIC_UNSIGNED. ALL;

ENTITY complement_2 IS
    PORT(a:IN STD_LOGIC_VECTOR(7 DOWNTO 0);
            y:OUT STD_LOGIC_VECTOR(7 DOWNTO 0));
END complement_2;

ARCHITECTURE behav OF complement_2 IS

    BEGIN

        PROCESS(a)

            BEGIN

                IF a(7)= '0' THEN y<=a;
                    ELSIF a(7)= '1' THEN y<= NOT a + '1';
                END IF;

        END PROCESS;

END behav;
```

5.1.5　三态门及总线缓冲器

三态门和双向缓冲器是接口电路和总线驱动电路经常用到的器件。图 5-6 为其外部接口，有一个数据输入端 din，一个控制端 en，一个信号输出端 dout。当 en = 1 时，dout = din，当 en = 0 时，dout 为高阻态。例 5-5 为其 VHDL 源代码。

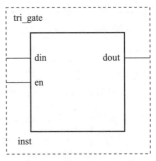

图 5-6　三态门外部接口

★ 【例 5-5】　三态门 tri_gate

三态门的 VHDL 源代码如下。

```
LIBRARY IEEE;
USE IEEE. STD_LOGIC_1164. ALL;

ENTITY tri_gate IS
  PORT( din,en:IN STD_LOGIC;
        dout:OUT STD_LOGIC);
END tri_gate;

ARCHITECTURE rtl OF tri_gate IS

  BEGIN

    PROCESS( din,en)

      BEGIN

        IF en='1' THEN
            dout<= din;
          ELSE
            dout<=' Z';
        END IF;

    END PROCESS;

END rtl;
```

总线技术在现代电子电路设计中运用得非常多。总线驱动包括单向总线缓冲器和双向总线缓冲器。

单向总线缓冲器数据只能单向流动，通常由若干个三态门组成，用来驱动地址总线和控制总线。例如，一个单向的 8 位总线缓冲器由 8 个三态门组成，具有 8 个输入端和 8 个输出端，8个三态门由一个控制端控制。具体代码将前例三态门的数据输入和数据输出扩展成8位即可。

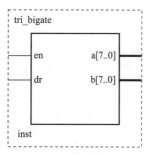

图5-7 双向总线缓冲器外部接口

双向总线缓冲器数据可以双向流动，用来驱动数据总线。图5-7为其外部接口，它有两个数据输入输出端a、b（双向端口），一个方向控制端dr，一个选通端en。当en=0时，双向总线缓冲器未被选通，a和b均呈现高阻态；当en=1时，双向总线缓冲器被选通，数据可以通过缓冲器，但数据的流向要根据dr的值来确定。例5-6为其VHDL源代码。

★ 【例5-6】 双向总线缓冲器tri_bigate

双向总线缓冲器的VHDL源代码如下。

```
LIBRARY IEEE;
USE IEEE.STD_LOGIC_1164. ALL;

ENTITY tri_bigate IS
PORT ( a,b:INOUT   STD_LOGIC_VECTOR(7 DOWNTO 0);
      en,dr:IN STD_LOGIC);
END tri_bigate;

ARCHITECTURE rtl OF tri_bigate IS
  SIGNAL aout,bout:STD_LOGIC_VECTOR(7 DOWNTO 0);

    BEGIN

A_PRE:PROCESS(a,en,dr)

    BEGIN

      IF en ='1' AND dr='1'  THEN
          bout<=a;
        ELSE
          bout<="ZZZZZZZZ";
      END IF;

      b<=bout;
    END PROCESS A_PRE;


B_PRE:PROCESS(b,en,dr)
```

```
        BEGIN

            IF en ='1' AND dr ='0' THEN
                aout<=b;
            ELSE
                aout<="ZZZZZZZZ";
            END IF;


            a<=aout;


        END PROCESS B_PRE;


    END rtl;
```

5.2　时序逻辑电路的设计

时序电路在时钟信号的边沿（上升沿或者下降沿）到来时，其状态发生改变。整个系统在系统时钟的协调下工作。本节的时序电路中主要介绍触发器、移位寄存器和计数器的设计。

5.2.1　触发器的设计

（1）D 触发器

触发器种类很多，常用的有 D 触发器和 JK 触发器等。D 触发器根据触发边沿、复位和置位方式的不同，可以有多种形式。同步复位，就是当复位信号有效且在给定的时钟到来时触发器才被复位。异步复位不用等到时钟到来，一旦复位信号有效就能复位。

图 5-8 为同步复位 D 触发器的外部接口，例 5-7 为其 VHDL 源代码。

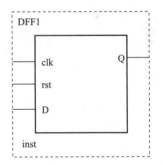

图 5-8　同步复位 D 触发器外部接口

★ 【例 5-7】　同步复位 D 触发器 DFF1
同步复位 D 触发器的 VHDL 源代码如下。

```
LIBRARY IEEE;
USE IEEE. STD_LOGIC_1164. ALL;


ENTITY DFF1 IS
```

```
        PORT(clk,rst,D:IN STD_LOGIC;
                    Q:OUT STD_LOGIC);
  END DFF1;

ARCHITECTURE rtl OF DFF1 IS

  BEGIN

    PROCESS(clk)

      BEGIN

        IF clk' EVENT AND clk ='1'  THEN
          IF rst ='1'  THEN
                Q<='0' ;
            ELSE
                Q<=D;
            END IF;
          END IF;

      END PROCESS;

  END rtl;
```

（2）JK 触发器

图 5-9 为带有异步复位/置位功能的 JK 触发器的外部接口，包括置位输入端 set、复位输入端 clr、时钟输入端 clk 和控制端 J、K；输出端 Q 和反相输出端 CQ。JK 触发器的状态转换情况见表 5-1，例 5-8 为其 VHDL 源代码。

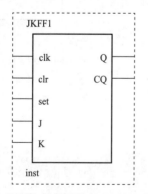

图 5-9　异步复位/置位功能的 JK 触发器外部接口

表 5-1　JK 触发器状态转换表

clk	J	K	Q
上升沿	0	0	保持
上升沿	0	1	0
上升沿	1	0	1
上升沿	1	1	求反
非上升沿	×	×	保持

★ 【**例 5-8**】　带有异步复位/置位功能的 JK 触发器 JKFF1

异步复位/置位的 JK 触发器的 VHDL 源代码如下。

```
LIBRARY IEEE;
USE IEEE. STD_LOGIC_1164. ALL;

ENTITY JKFF1 IS
    PORT(clk,clr,set,J,K:IN STD_LOGIC;
                Q,CQ:OUT STD_LOGIC);
END JKFF1;

ARCHITECTURE rtl OF JKFF1 IS
    SIGNAL s:STD_LOGIC;

    BEGIN

        PROCESS(clk,clr)

        BEGIN

        IF set='0'  THEN s<='1';
            ELSIF clr='0'  THEN s<='0';
            ELSIF clk'EVENT AND clk='1'  THEN
            IF J ='0'  AND K='1'  THENs<='0';
                ELSIF J='1'  AND K='0'  THEN s<='1';
                ELSIF J='1'  AND K='1'  THEN s<=NOT s;
            END IF;
        END IF;

    END PROCESS;

    Q<=s;
    CQ<=NOT s;

END rtl;
```

例 5-8 中的复位和置位是异步的。读者也可以自行修改，完成同步的 JK 触发器。

5.2.2　移位寄存器的设计

移位寄存器通常由若干个触发器组成，下面介绍一些移位寄存器的设计。

（1）串行输入/串行输出移位寄存器

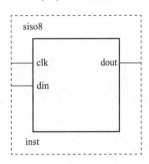

图 5-10 串入/串出移位
寄存器外部接口

在串入/串出移位寄存器中，当时钟信号边沿到来时，输入端的数据在时钟边沿的作用下逐级向后移动。由多个触发器依次连接，可以构成串入/串出移位寄存器，第一个触发器的输入端用来接收外来的输入信号，其余的每一个触发器的输入端均与前面一个触发器的正向 Q 端相连。下面以一个 8 位串入/串出移位寄存器为例，介绍串入/串出移位寄存器的设计方法。图 5-10 为其外部接口，例 5-9 为其 VHDL 源代码，图 5-11 为其仿真波形。串入/串出移位寄存器还可以用 GENERATE 语句将 8 个系统内部现有的 D 触发器串联起来完成，例 5-10 为其 VHDL 源代码。

★ 【例 5-9】 串入/串出移位寄存器 siso8
串入/串出移位寄存器的 VHDL 源代码如下。

```vhdl
LIBRARY IEEE;
USE IEEE. STD_LOGIC_1164. ALL;
USE IEEE. STD_LOGIC_UNSIGNED. ALL;

ENTITY siso8 IS
PORT(   clk:IN STD_LOGIC;
         din:IN STD_LOGIC;
        dout:OUT STD_LOGIC);
END;

ARCHITECTURE one OF siso8 IS
    SIGNAL q:STD_LOGIC_VECTOR(7 DOWNTO 0);

  BEGIN

    PROCESS(clk)

      BEGIN

        IF clk' EVENT AND clk ='1' THEN
          q(0)<=din;
          q(7 DOWNTO 1)<=q(6 DOWNTO 0);
        END IF;

    END PROCESS;
```

```
        dout<=q(7);

END;
```

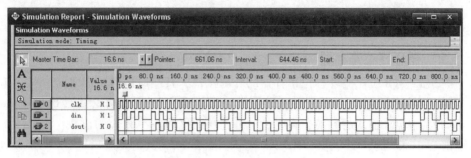

图 5-11   siso8 的仿真波形

★ 【例 5-10】   用 GENERATE 语句完成的串入/串出移位寄存器 shift8

　　用 GENERATE 语句完成的串入/串出移位寄存器的 VHDL 源代码如下。

```
LIBRARY IEEE;
USE IEEE. STD_LOGIC_1164. ALL;

ENTITY shift8 IS
  PORT(a,clk:IN STD_LOGIC;
            b:OUT STD_LOGIC);
END shift8;

ARCHITECTURE rtl OF shift8 IS

  COMPONENT dff
      PORT (d,clk:IN STD_LOGIC;
              q:OUT STD_LOGIC);
  END COMPONENT;

  SIGNAL z:STD_LOGIC_VECTOR(0 TO 8);

    BEGIN

      z(0)<=a;

      r1:FOR i IN 0 TO 7 GENERATE
          dffx:dff PORT MAP(z(i),clk,z(i+1));
```

```
        END GENERATE;


    b<=z(8);


END rtl;
```

（2）循环移位寄存器

图 5-12 为 8 位左循环移位寄存器的外部接口，其端口包括 8 个数据输入端 din，移位和数据输出控制端 en，时钟信号输入端 clk，移位位数控制输入端 s，8 位数据输出端 dout。当 en＝1 时，根据 s 输入的数值，在时钟脉冲作用下循环左移相应的位数；当 en＝0 时，din 直接输出至 dout。例 5-11 为其 VHDL 源代码，图 5-13 为其仿真波形。

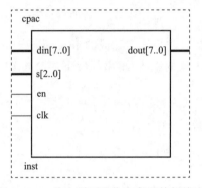

图 5-12　8 位左循环移位寄存器外部接口

★ **【例 5-11】**　左循环移位寄存器 cpac
左循环移位寄存器的 VHDL 源代码如下。

```
LIBRARY IEEE;
USE IEEE. STD_LOGIC_1164. ALL;
USE IEEE. STD_LOGIC_ARITH. ALL;
USE IEEE. STD_LOGIC_UNSIGNED. ALL;

ENTITY cpac IS
    PORT(din:IN STD_LOGIC_VECTOR(7 DOWNTO 0);
            s:IN INTEGER RANGE 0 TO 7;
        en,clk:IN STD_LOGIC;
          dout:OUT STD_LOGIC_VECTOR(7 DOWNTO 0));
END cpac;

ARCHITECTURE rtl OF cpac IS

    BEGIN
```

```
PROCESS

    BEGIN

        WAIT UNTIL RISING_EDGE(clk) AND en='1';

            FOR i IN din' RANGE LOOP

                IF i=0 THEN
                    dout(i)<=din(7-s);
                ELSE
                    dout(i)<=din(i-s);
                END IF;

            END LOOP;

    END PROCESS;

END rtl;
```

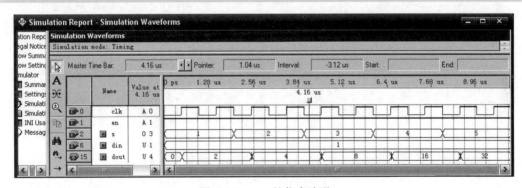

图 5-13　cpac 的仿真波形

（3）并行输入/串行输出移位寄存器

图 5-14 为并入/串出移位寄存器的外部接口，包含 8 位并行数据输入端 din，时钟信号输入端 clk，清零端 clr，可以实现数据的并/串转换。下面以含异步清零的 8 位并入/串出移位寄存器为例，介绍其设计方法。例 5-12 为其 VHDL 源代码，图 5-15 为其仿真波形。

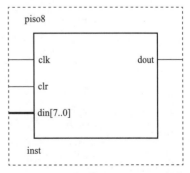

★ 【例 5-12】　并入/串出移位寄存器 piso8

并入/串出移位寄存器的 VHDL 源代码如下。

图 5-14　并入/串出移位寄存器外部接口

```vhdl
LIBRARY IEEE;
USE IEEE. STD_LOGIC_1164. ALL;
USE IEEE. STD_LOGIC_UNSIGNED. ALL;

ENTITY piso8 IS
PORT( clk:IN STD_LOGIC;
      clr:IN STD_LOGIC;
      din:IN STD_LOGIC_VECTOR(7 DOWNTO 0);
      dout:OUT STD_LOGIC);
END;

ARCHITECTURE one OF piso8 IS
  SIGNAL q:STD_LOGIC_VECTOR(7 DOWNTO 0);
  SIGNAL cnt:STD_LOGIC_VECTOR(2 DOWNTO 0);

BEGIN

P1:PROCESS(clk)

  BEGIN

    IF clk'EVENT AND clk='1' THEN
      cnt<=cnt+'1';
    END IF;

END PROCESS;

P2:PROCESS(clk,clr)

  BEGIN

    IF clr='1' THEN q<="00000000";
      ELSIF clk'EVENT AND clk='1' THEN
        IF cnt>"000" THEN q(7 DOWNTO 1)<=q(6 DOWNTO 0);
          ELSIF cnt="000" THEN q<=din;
        END IF;
    END IF;

END PROCESS;
```

```
    dout<=q(7);

END;
```

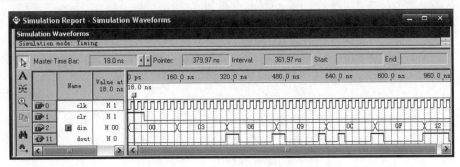

图 5-15　piso8 的仿真波形

5.2.3　计数器的设计

计数器是一个典型的时序电路，分析计数器能更好地了解时序电路的特征。下面根据不同的情况给出几种计数器实例以供读者参考。

(1)　含异步清零和同步时钟使能的十进制计数器

图 5-16 为含异步清零和同步时钟使能的十进制计数器外部接口：含异步清零输入端 rst；同步时钟计数使能端 en；时钟脉冲输入端 clk；4 位二进制输出端 Q；进位输出端 cout。例 5-13 为其 VHDL 源代码，图 5-17 为其仿真波形。

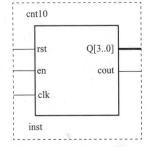

图 5-16　含异步清零和同步时钟使能的十进制计数器外部接口

★【例 5-13】　含异步清零和同步时钟使能的十进制计数器 cnt10

含异步清零和同步时钟使能的十进制计数器的 VHDL 源代码如下。

```
LIBRARY IEEE;
USE IEEE. STD_LOGIC_1164. ALL;
USE IEEE. STD_LOGIC_UNSIGNED. ALL;

ENTITY cnt10 IS
    PORT(rst,en,clk:IN STD_LOGIC;
                Q:OUT STD_LOGIC_VECTOR(3 DOWNTO 0);
            cout:OUT STD_LOGIC);
END cnt10;

ARCHITECTURE behav OF cnt10 IS
```

```
SIGNAL cnt:STD_LOGIC_VECTOR(3 DOWNTO 0);

  BEGIN

    PROCESS(rst,en,clk)

      BEGIN

        IF rst='1' THEN cnt<="0000";                 —异步清零
          ELSIF (clk'EVENT AND clk='1') AND en='1' THEN    —同步时钟使能
            IF cnt="1001" THEN          —判定 9
                cnt<="0000";
                cout<='1';
              ELSE                               十进制
                cnt<=cnt+1;
                cout<='0';
              END IF;
          END IF;

      END PROCESS;

      Q<=cnt;

  END behav;
```

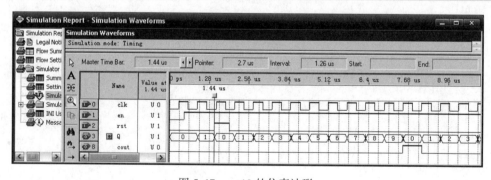

图 5-17　cnt10 的仿真波形

（2）可逆计数器

图 5-18 为十六进制可逆计数器的外部接口，可根据控制信号的不同，计数器工作于加 1 计数状态或者减 1 计数状态，控制信号输入端用 updn 表示。例 5-14 为其 VHDL 源代码，图 5-19 为其仿真波形。

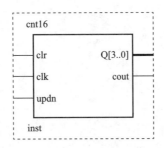

图 5-18　十六进制可逆计数器外部接口

★【例 5-14】　十六进制可逆计数器 cnt16

十六进制可逆计数器的 VHDL 源代码如下。

```
LIBRARY IEEE;
USE IEEE. STD_LOGIC_1164. ALL;
USE IEEE. STD_LOGIC_UNSIGNED. ALL;

ENTITY cnt16 IS
  PORT(clr,clk,updn:IN STD_LOGIC;
                Q:OUT STD_LOGIC_VECTOR(3 DOWNTO 0);
             cout:OUT STD_LOGIC);
END cnt16;

ARCHITECTURE behav OF cnt16 IS
  SIGNAL cnt:STD_LOGIC_VECTOR(3 DOWNTO 0);

  BEGIN

    PROCESS(clk,clr,updn)

      BEGIN

      IF clk' EVENT AND clk ='1' THEN
        IF clr ='1' THEN cnt<="0000";
          ELSIF updn ='1' THEN
          IF cnt ="1111" THEN
                cnt<="0000";
                cout<='1';
            ELSE
                cnt<= cnt+1;
                cout<='0';
```

```
                END IF;
            ELSIF updn='0'  THEN
            IF cnt="0000" THEN
                    cnt<="1111";
                    cout<='1' ;
                ELSE
                    cnt<=cnt-1;
                    cout<='0' ;
                END IF;
            END IF;
            END IF;

        END PROCESS;

        Q<=cnt;

END behav;
```

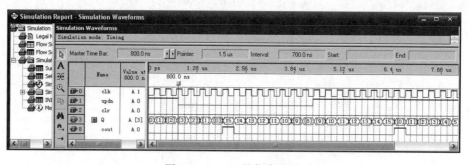

图 5-19　cnt16 的仿真波形

（3）六十进制计数器

六十进制计数器由十进制和六进制计数器构成，图 5-20 为其外部接口，可以有多种设计方式，这里全部采用代码编写。例 5-15 为其 VHDL 源代码，图 5-21 为其仿真波形。

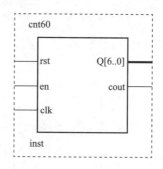

图 5-20　六十进制计数器外部接口

★ 【例 5-15】 六十进制计数器 cnt60

六十进制计数器的 VHDL 源代码如下。

```vhdl
LIBRARY IEEE;
USE IEEE. STD_LOGIC_1164. ALL;
USE IEEE. STD_LOGIC_UNSIGNED. ALL;

ENTITY cnt60 IS
  PORT(rst,en,clk:IN STD_LOGIC;
              Q:OUT STD_LOGIC_VECTOR(6 DOWNTO 0);
          cout:OUT STD_LOGIC);
END cnt60;

ARCHITECTURE behav OF cnt60 IS
  SIGNAL cnt0:STD_LOGIC_VECTOR(3 DOWNTO 0);
  SIGNAL cnt1:STD_LOGIC_VECTOR(2 DOWNTO 0);
  SIGNAL clk1:STD_LOGIC;

  BEGIN

A:PROCESS(rst,en,clk)

  BEGIN

    IF rst='1' THEN cnt0<="0000";
      ELSIF (clk'EVENT AND clk='1') AND en='1' THEN
      IF cnt0="1001" THEN
          cnt0<="0000";
          clk1<='1';
        ELSE
          cnt0<=cnt0+1;
          clk1<='0';
      END IF;
    END IF;

  END PROCESS A;

B:PROCESS(rst,en,clk1)

  BEGIN
```

```
        IF rst='1' THEN cnt1<="000";
          ELSIF (clk1'EVENT AND clk1='1') AND en='1' THEN
             IF cnt1="101" THEN
                cnt1<="000";
              ELSE
                cnt1<=cnt1+1;
             END IF;
          END IF;

      END PROCESS B;

  C:PROCESS(clk,clk1)

    BEGIN

      IF clk'EVENT AND clk='1' THEN
         IF cnt1="101" AND cnt0="1001" THEN
            cout<='1';
          ELSE
            cout<='0';
         END IF;
      END IF;

    END PROCESS C;

    Q(3 DOWNTO 0)<=cnt0;
    Q(6 DOWNTO 4)<=cnt1;

END behav;
```

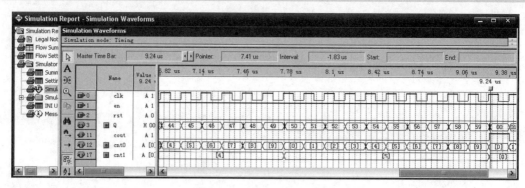

图5-21　cnt60的仿真波形

5.3　状态机的设计

数字电路中的控制模块可以是 CPU，也可以是有限状态机。CPU 是通用的数字电路控制模块，而有限状态机则是根据具体要求专门设计的。有限状态机比 CPU 灵巧得多，它所占硬件资源的多少取决于所设计电路的复杂性。此外，有限状态机还有高速、高效等优点，因此在数字电路中获得广泛的应用。

本节首先介绍状态机的基本结构和功能及其两种实现方式：摩尔（Moore）状态机和米里（Mealy）状态机。用"11"序列检测其实例，来进一步说明用 VHDL 描述摩尔状态机和米里状态机的方法。

状态机是包括一组寄存器的电路，该寄存器的值称为"状态"。状态机的状态不仅和输入信号有关，而且还与寄存器的当前状态有关。状态机可以认为是组合逻辑电路和时序电路的特殊组合。其时序电路主要是由大量的寄存器组成，用于存储状态机的状态；组合逻辑部分用于状态译码和输出译码。状态译码确定状态机下个时钟周期的状态值，即状态机的激励方程；输出译码确定状态机的输出，即状态机的输出方程。

5.3.1　摩尔状态机的设计

摩尔状态机指的是在状态机输出的产生过程中，其输出并未使用输入信号，只与当前状态有关。

摩尔状态机的模型如图 5-22 所示，包括状态译码、状态更新和输出译码三个部分。状态译码是由数据输入和当前状态反馈决定下一个状态，状态更新是在时钟的上升沿时将下一个状态的值赋给当前状态；输出译码是由当前状态通过译码得到数据输出。

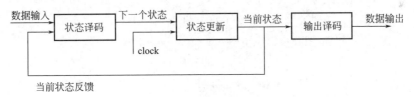

图 5-22　摩尔状态机的状态模型

下面通过用摩尔状态机实现"11"序列检测器的例子来说明其使用方法。"11"序列检测器要求在一个串行的数据流中检测出"11"序列，即在连续的两个时钟周期内输入为"1"，就在下一个时钟周期输出"1"。

用摩尔状态机实现，需要 3 个状态，设为 A、B、C。

状态 A 表示已经检测到 0 个"1"；

状态 B 表示已经检测到 1 个"1"；

状态 C 表示已经检测到两个及以上"1"。

图 5-23 为其状态转换图，图 5-24 为其外部接口，例 5-16 为其 VHDL 源代码，图 5-25 为其仿真波形。

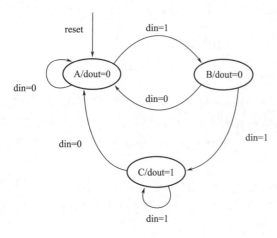

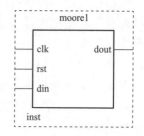

图 5-23 "11" 序列检测器的摩尔状态机转换图   图 5-24 摩尔状态机外部接口

★ 【例 5-16】 "11" 序列检测器——摩尔状态机 moore1

"11" 序列检测器——摩尔状态机的 VHDL 源代码如下。

```
LIBRARY IEEE;
USE IEEE.STD_LOGIC_1164.ALL;

ENTITY moore1 IS
    PORT(clk,rst,din:IN STD_LOGIC;
                dout:OUT STD_LOGIC);
END moore1;

ARCHITECTURE behav OF moore1 IS
    SIGNAL state:STD_LOGIC_VECTOR(1 DOWNTO 0);
    CONSTANT A:STD_LOGIC_VECTOR(1 DOWNTO 0):="00";
    CONSTANT B:STD_LOGIC_VECTOR(1 DOWNTO 0):="01";
    CONSTANT C:STD_LOGIC_VECTOR(1 DOWNTO 0):="10";

    BEGIN

update:PROCESS(rst,clk)

        BEGIN

        IF rst='1' THEN state<=A;
            ELSIF clk' EVENT AND clk='1' THEN

            CASE state IS
```

```
                    WHEN A  => IF din = '1'  THEN state <= B;ELSE state <= A;END IF;
                    WHEN B  => IF din = '1'  THEN state <= C;ELSE state <= A;END IF;
                    WHEN C  => IF din = '0'  THEN state <= A;ELSE state <= C;END IF;
                    WHEN OTHERS => state <= A;
                END CASE;

            END IF;

        END PROCESS;

output: PROCESS( clk , state , din )

        BEGIN

            IF rst = '1'  THEN dout <= '0' ;
              ELSE
                IF clk' EVENT AND clk = '1'  THEN
                    IF state = C THEN
                          dout <= '1' ;
                       ELSE
                          dout <= '0' ;
                    END IF;
                  END IF;
                END IF;

            END PROCESS;

        END behav;
```

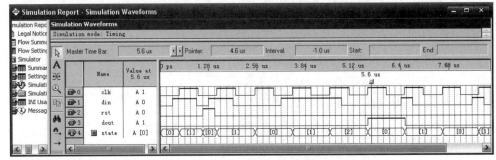

图 5-25 moorel 的仿真波形

在以上 VHDL 描述中，每个模块由一个独立的进程描述。这样做使得电路功能划分清楚，每一个模块中的电路都比较简单，从而易于实现和调试。

5.3.2　米里状态机的设计

米里状态机指的是输出不仅和当前状态有关，还与输入有关。米里状态机的模型如图 5-26
所示。米里状态机和摩尔状态机一样，由 3 个部分组成。所不同的是：米里状态机输出译码
部分由数据输入和当前状态通过译码得到数据输出。

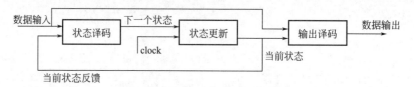

图 5-26　米里状态机的状态模型

用米里状态机来实现"11"序列检测器，需要两个状态，设为 A 和 B：

状态 A 表示前一个时钟周期的数据为"0"；

状态 B 表示前一个时钟周期的数据为"1"。

图 5-27 为其状态转换图，图 5-28 为其外部接口，例 5-17 为其 VHDL 源代码，图 5-29
为其仿真波形。

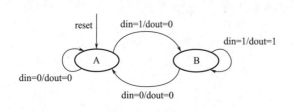

图 5-27　"11"序列检测器的米里状态机转换图

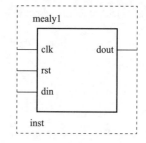

图 5-28　米里状态机外部接口

★【例 5-17】　"11"序列检测器——米里状态机 mealy1

"11"序列检测器——米里状态机的 VHDL 源代码如下。

```
LIBRARY IEEE;
USE IEEE.STD_LOGIC_1164.ALL;

ENTITY mealy1 IS
    PORT(clk,rst,din:IN STD_LOGIC;
              dout:OUT STD_LOGIC);
END mealy1;

ARCHITECTURE behav OF mealy1 IS
    SIGNAL state:STD_LOGIC;
    CONSTANT A:STD_LOGIC:='0';
```

```
        CONSTANT B:STD_LOGIC:='1';

    BEGIN

update:PROCESS(rst,clk)

        BEGIN

            IF rst='1' THEN state<=A;
              ELSIF clk'EVENT AND clk='1' THEN

                CASE state IS
                    WHEN A =>IF din='1' THEN state<=B;ELSE state<=A;END IF;
                    WHEN B =>IF din='0' THEN state<=A;ELSE state<=B;END IF;
                    WHEN OTHERS => state<=A;
                END CASE;

            END IF;

        END PROCESS;

output:PROCESS(clk,state,din)

        BEGIN

            IF rst='1' THEN dout<='0';
              ELSE
                IF clk'event and clk='1' THEN
                    IF state=B and din='1' THEN
                        dout<='1';
                    ELSE
                        dout<='0';
                    END IF;
                END IF;
            END IF;

        END PROCESS;

END behav;
```

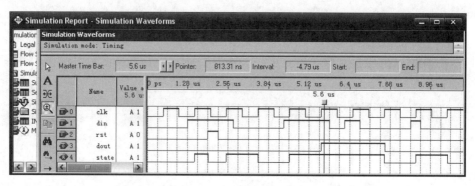

图 5-29　mealy1 的仿真波形

5.4　存储器的设计

存储器在很多系统中是相当重要的构成部分，按照类型可分为只读存储器（ROM）和随机存储器（RAM）。

5.4.1　只读存储器的设计

只读存储器 ROM 使用时需要事先将数据存入 ROM 中，这就是存储器的初始化。系统

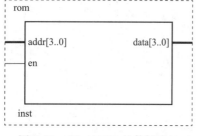

图 5-30　16×4 ROM 的外部接口

运行过程中只有读操作，没有写操作。

图 5-30 是一个存储容量为 16×4 的只读存储器外部接口，其中主要以数组的形式来实现数据的存储。数组的下标代表地址，数组元素的位宽代表每个存储单元的容量。16 个元素的数组就有 16 个存储单元，每个元素是 4 位矢量，即每个存储单元可容纳 4 位数据。例 5-18 为其 VHDL 源代码，图 5-31 为其仿真波形。

★【例 5-18】　16×4 ROM

16×4 ROM 的 VHDL 源代码如下。

```
LIBRARY IEEE;
USE IEEE. STD_LOGIC_1164. ALL;
USE IEEE. STD_LOGIC_UNSIGNED. ALL;

ENTITY rom IS
PORT( addr:IN STD_LOGIC_VECTOR( 3 DOWNTO 0);
     en:IN STD_LOGIC;
   data:OUT STD_LOGIC_VECTOR( 3 DOWNTO 0));
```

```
END;

ARCHITECTURE one OF rom IS
    TYPE memory IS ARRAY (0 TO 15) OF STD_LOGIC_VECTOR(3 DOWNTO 0);
    SIGNAL addr1:INTEGER RANGE 0 TO 15;
    SIGNAL data1:memory:=("1111","1110","1101","1100",
                          "1011","1010","1001","1000",
                          "0111","0110","0101","0100",
                          "0011","0010","0001","0000");

BEGIN

    addr1<=CONV_INTEGER (addr);

PROCESS(en,addr1,addr,data1)

    BEGIN

      IF en='1' THEN
          data<=data1(addr1);
        ELSE
          data<=(OTHERS=>'Z');
      END IF;

END PROCESS;

END;
```

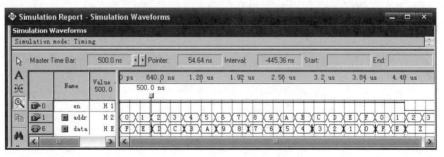

图 5-31　16×4 ROM 的仿真波形

例 5-19 给出的是容量为 12×6 ROM 的程序包，它首先对 ROM 初始化，然后再读取 ROM 中的数据。例 5-20 为 ROM 程序包的调用，图 5-32 为其仿真波形。

★【例 5- 19】　12×6 ROM 程序包

12×6 ROM 程序包的 VHDL 源代码如下。

```
LIBRARY IEEE;
USE IEEE. STD_LOGIC_1164. ALL;
USE IEEE. STD_LOGIC_ARITH. ALL;

PACKAGE simple_ROM IS
    CONSTANT rom_width : INTEGER: = 6;
    SUBTYPE    rom_word IS STD_LOGIC_VECTOR ( 1 TO rom_width);
    SUBTYPE    rom_range IS INTEGER RANGE 0 TO 11 ;
    TYPE       rom_table IS ARRAY ( 0 TO 11) OF rom_word;
    CONSTANT rom_data : rom_table : = rom_table' (
                        "000001" ,"000010" ,"000011" ,"000100" ,
                        "000101" ,"000110" ,"000111" ,"001000" ,
                        "001001" ,"001010" ,"001011" ,"001100" );
    SUBTYPE    data_word IS INTEGER RANGE 0 TO 100;
    SUBTYPE    data_range IS INTEGER RANGE 0 TO 11;
    TYPE       data_table IS ARRAY (0 TO 11) OF data_word ;
    CONSTANT data : data_table := data_table' (1,2,3,4,5,6,7,8,9,10,11,12);
END simple_ROM;
```

★【例 5- 20】　ROM 程序包的调用

ROM 程序包的调用的 VHDL 源代码如下。

```
LIBRARY IEEE;
USE IEEE. STD_LOGIC_1164. ALL;
USE IEEE. STD_LOGIC_ARITH. ALL;
USE WORK. simple_ROM. ALL;

ENTITY simple IS
    PORT(clk: IN STD_LOGIC;
         rst: IN BOOLEAN;
      waves: OUT rom_word);
END;

ARCHITECTURE rtl OF simple IS
    SIGNAL step, next_step : rom_range;
    SIGNAL delay          : data_word;
```

```
        BEGIN

    next_step<= rom_range' HIGH  WHEN step = rom_range' HIGHELSE
            step+1;

time_step:PROCESS

        BEGIN

        WAIT UNTIL(clk' EVENT AND clk ='1' ) AND ( clk' LAST_VALUE ='0' );

            IF rst THEN step<= 0;
            ELSIF delay = 1 THEN
                step<= next_step;
            ELSE
                NULL;
            END IF;

    END PROCESS;

delay_step:PROCESS

        BEGIN

        WAIT UNTIL clk' EVENT AND clk ='1' ;

            IF rst THEN delay<= data( 0 );
            ELSIF delay = 1 THEN
                delay<= data( next_step );
            ELSE
                delay<= delay-1;
            END IF;

    END PROCESS;

    waves<= rom_data( step );

END;
```

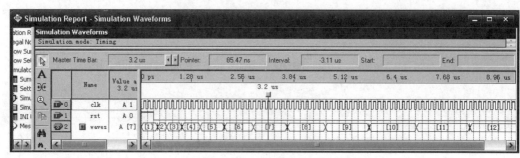

图 5-32　ROM 的仿真波形

5.4.2　随机存储器的设计

随机存储器（RAM）的逻辑功能是在地址信号的选择下，对指定的存储单元进行相应的读/写操作，通常用于动态数据的存储。

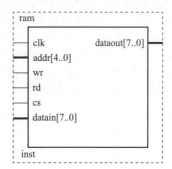

图 5-33　32×8 RAM 外部接口

图 5-33 是一个存储容量为 32×8 的随机存储器的外部接口，以数组的形式来实现数据的存储，数组的下标代表地址，数组元素的位宽代表每个存储单元的容量。32 个元素的数组就有 32 个存储单元，每个元素是 8 位矢量，即每个存储单元可容纳 8 位数据。例 5-21 为其 VHDL 源代码，图 5-34 为其仿真波形。

★【例 5-21】　32×8 RAM

32×8 RAM 的 VHDL 源代码如下。

```
LIBRARY IEEE;
USE IEEE. STD_LOGIC_1164. ALL;
USE IEEE. STD_LOGIC_UNSIGNED. ALL;

ENTITY ram IS
    PORT(clk,wr,rd,cs:IN STD_LOGIC;
                addr:IN STD_LOGIC_VECTOR(4 DOWNTO 0);
            datain:IN STD_LOGIC_VECTOR(7 DOWNTO 0);
            dataout:OUT STD_LOGIC_VECTOR(7 DOWNTO 0));
END;

ARCHITECTURE one OF ram IS
    TYPE memory IS ARRAY(0 to 31)OF STD_LOGIC_VECTOR(7 DOWNTO 0);
    SIGNAL data1:memory;
    SIGNAL addr1:INTEGER RANGE 0 TO 31;

    BEGIN
```

```
        addr1<=CONV_INTEGER（addr）;

   PROCESS(wr,cs,addr1,data1,datain,clk)

      BEGIN

         IF clk'EVENT AND clk='1' THEN
            IF cs='0' AND wr='1' THEN
               data1(addr1)<=datain;
            END IF;
         END IF;

   END PROCESS;

   PROCESS(rd,cs,addr1,data1,clk)

      BEGIN

         IF clk'EVENT AND clk='1' THEN
            IF cs='0' AND rd='1' THEN
                  dataout<=data1(addr1);
               ELSE
                  dataout<= OTHERS=>'Z';
            END IF;
         END IF;

      END PROCESS;

   END;
```

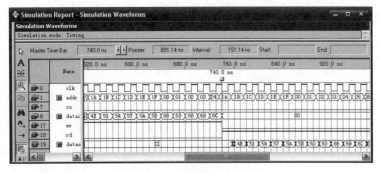

图 5-34　RAM 的仿真波形

5.4.3　堆栈的设计

堆栈是一种执行"后进先出"算法的存储器。数据一个一个顺序地存入（压栈）存储区中，地址指针总是指向最后一个压入堆栈的数据所在的数据单元，存放这个地址指针的寄

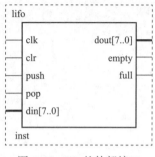

图 5-35　lifo 的外部接口

存器称为堆栈指示器。数据压栈的过程中，每压入一个数据就放在前一数据存入单元的后一个单元中，之后堆栈指针自动加 1。读出数据时，按照堆栈指针指向的地址读取数据，之后堆栈指针自动减 1，这个过程叫"弹出"。下面以一个 8 字节的堆栈为例，介绍堆栈的设计方法，图 5-35 是堆栈 lifo 的外部接口，其中 push 为压栈信号，pop 为出栈信号，din 为数据输入端，empty 为栈空信号，full 为栈满信号，dout 为数据输出端。例 5-22 为其 VHDL 源代码，memory 提供存储空间，cnt 为设置指针。图 5-36 为其仿真波形。

★【例 5-22】　堆栈 lifo
堆栈 lifo 的 VHDL 源代码如下。

```
LIBRARY IEEE;
USE IEEE. STD_LOGIC_1164. ALL;
USE IEEE. STD_LOGIC_UNSIGNED. ALL;

ENTITY lifo IS
PORT(clk,clr,push,pop:IN STD_LOGIC;
                din:IN STD_LOGIC_VECTOR(7 DOWNTO 0);
                dout:OUT STD_LOGIC_VECTOR(7 DOWNTO 0);
            empty,full:OUT STD_LOGIC);
END;

ARCHITECTURE one OF lifo IS
    TYPE memory IS ARRAY(0 TO 32) OF STD_LOGIC_VECTOR(7 DOWNTO 0);

BEGIN

P1:PROCESS(clk,clr)
    VARIABLE stack:memory;
    VARIABLE cnt:INTEGER RANGE 0 TO 32;

    BEGIN

    IF clr='1' THEN
```

```vhdl
            dout<= ( OTHERS =>'0' ) ;
            full<='0' ;
            cnt: = 0 ;
        ELSIF clk' EVENT AND clk ='1'  THEN
            IF push ='1'  AND pop ='0'  AND cnt/ = 32 THEN
                empty<='0' ;
                stack( cnt) : = din ;
                cnt: = cnt+1 ;
                dout<=  OTHERS =>'0' ;
            ELSIF pop ='1'  AND push ='0'  AND cnt/ = 0 THEN
                full<='0' ;
                cnt: = cnt-1 ;
                dout<= stack( cnt) ;
            ELSIF pop ='0'  AND push ='0'  AND cnt/ = 0 THEN
                dout<=  OTHERS =>'0' ;
            ELSIF cnt = 0 THEN
                empty<='1' ;
                dout<=  OTHERS =>'0' ;
            ELSIF cnt = 32 THEN
                full<='1' ;
            END IF ;
        END IF ;

END PROCESS ;

END ;
```

压栈操作,存入数据,指针加 1

出栈操作,弹出数据,指针减 1

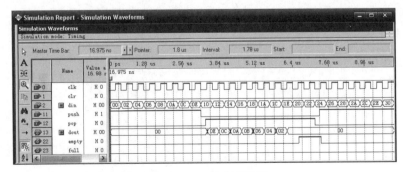

图 5-36　lifo 的仿真波形

从仿真波形可以看出，此堆栈满足"后进先出"的原则。

EDA

第 2 篇

实战训练

第6章 基础训练

【学习建议】

    EDA 技术是一门实践性很强的学科，它包含内容多，涉及知识面广，学而不练是学不会的，请大家注重实践、积累经验，早日成为 EDA 技术高手。

    本章安排的 6 项基础训练，由浅入深，每一训练项都有一个主题内容，并且大多数在随后你自己的设计中会用到。希望能举一反三，学一个，会一类，学有所成。

    EDA 实验开发系统不是我们学习的对象，而是学习的工具。各高校使用的 EDA 实验开发系统各不相同，这里采用 Altera 公司推广的 DE2 开发板，默认芯片为 Altera 公司的 Cyclone Ⅱ 系列 EP2C35F672C6。另外，EDA 实验开发系统售价不菲，加上 DE2 不太适合初学者学习，为方便大家学习，还为读者准备了基于 MAX Ⅱ EPM240 芯片的 WZ 型最小系统实验板以及 PCB 图，读者自己组装，成本可控制在百元左右，可以完成大部分基础训练。随着读者学习的深入，你也可以设计制作一个简单的实验板。

6.1 一位全加器原理图输入设计

（1）目的
① 熟悉 Quartus Ⅱ 工具软件设计的基本流程。
② 掌握原理图设计输入、排错及编译的基本方法。

（2）内容（参考 3.4.1 节）
① 建立工作库文件夹和编辑设计文件。
② 利用向导设置工程。
③ 全程编译。
④ 包装元件入库。
⑤ 用两个半加器及一个或门构成一位全加器。
第一次入门实验，用最熟悉的图形输入方式，完成最终编译即完成本次任务。

（3）思考
半加器与全加器的区别。

（4）报告

根据以上的实践内容写出报告，包括原理图设计、软件编译的详细过程。

6.2　译码显示电路的设计

（1）目的

① 学习七段数码显示译码器的设计。

② 学习掌握 VHDL 输入法。

③ 学习编译、改错方法。

（2）内容

译码器 decoder7 代码参考 5.1.1 节例 5-1。

在 Quartus Ⅱ上进行编辑输入、全程编译通过。

全程编译通过即完成本次任务。

根据编译理论，排错的一般方法是：

① 一次排一个错，每次排第一个错；

② 尽可能看懂错误提示，双击提示以定位；

③ 错误定位行应该理解为错误定位行及其相关行。

（3）思考

① 要在图 5-1 共阴数码管及其电路上显示数字"1"，请问大家其编码是多少？

② bcd[3..0] 是 4 位输入。请问为什么是 4 位，不是 3 位、5 位？

③ 改共阳方式、十六进制译码，你会吗？

④ 讨论语句 WHEN OTHERS =>NULL 的作用。

⑤ 说明各语句的含义及整体功能。

（4）报告

根据以上的训练内容写出报告，包括程序设计、软件编译的详细实践过程及其分析。

6.3　含异步清零和同步时钟使能的
4 位十进制加法计数器的设计

（1）目的

① 学习计数器的设计。

② 学习时序电路的设计、仿真，进一步熟悉 VHDL 设计技术。

（2）内容

① 相关知识　图 6-1 是一含异步清零和同步时钟使能的 4 位加法计数器的 RTL 图，中间是 4 位锁存器；rst 是异步清零信号，高电平有效；clk 是锁存信号；D[3..0] 是 4 位数据

输入端。当 en 为 1 时，多路选择器将加 1 器的输出值加载于锁存器的数据端；当 en 为 0 时，将 0000 加载于锁存器。源代码参见 5.2.3 节例 5-13。

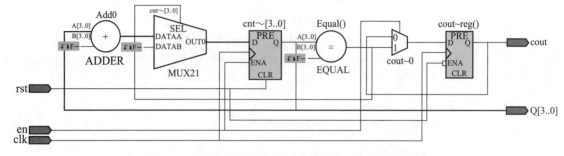

图 6-1　含异步清零和同步时钟使能的 4 位加法计数器

② 在 Quartus Ⅱ 上进行编辑输入、全程编译并通过。

③ 仿真，测试项目的正确性并观察分析波形和时序（参见 5.2.3 节图 5-17）。

希望读者能够举一反三，本次最终任务为十三进制加法计数器的仿真波形。

（3）思考

① Q[3..0] 是 4 位输出。请问为什么是 4 位？

② 语句 "SIGNAL cnt：STD_LOGIC_VECTOR（3 DOWNTO 0）；" 定义 cnt 为信号，我们能改为变量吗？

③ 在例 5-13 中是否可以不定义信号 cnt，而直接用输出端口信号完成加法运算，即 Q<=Q+1？

④ 你会任意制加法计数器的设计吗？

（4）报告

训练项目原理、设计过程、编译仿真波形和分析结果。

6.4　数控分频器的设计

（1）目的

① 学习分频器的设计和分析方法。

② 学习灵活应用已有知识构建自己所需的电子模块，自行设计实验。

（2）内容

① 相关知识　数控分频器的功能是当在输入端给定不同输入数据时，将对输入的时钟信号有不同的分频比。例 6-1 的数控分频器是用计数值可并行预置的加法计数器设计完成的，方法是将计数溢出位与预置数加载输入信号相接即可。

★【例 6-1】　数控分频器 pulse

数控分频器的 VHDL 源代码如下。

```
LIBRARY IEEE;
USE IEEE.STD_LOGIC_1164.ALL;
USE IEEE.STD_LOGIC_UNSIGNED.ALL;
```

```
ENTITY pulse IS
  PORT (clk:IN STD_LOGIC;
        D:IN STD_LOGIC_VECTOR(7 DOWNTO 0);
      Fout:OUT STD_LOGIC);
END;

ARCHITECTURE one OF pulse IS
  SIGNAL full:STD_LOGIC;

  BEGIN

  P_REG: PROCESS(clk)
    VARIABLE cnt:STD_LOGIC_VECTOR(7 DOWNTO 0);
      BEGIN
        IF clk' EVENT AND clk='1' THEN
          IF cnt="11111111" THEN
              cnt:=D;
              full<='1';
            ELSE
              cnt:=cnt+1;
              full<='0';
          END IF;
          END IF;

    END PROCESS P_REG ;
  P_DIV: PROCESS(full)
      VARIABLE cnt1:STD_LOGIC;

      BEGIN
        IF full' EVENT AND full='1' THEN cnt1:=NOT cnt1;
          IF cnt1='1' THEN
              Fout<='1';
            ELSE
              Fout<='0';
          END IF;
          END IF;

    END PROCESS P_DIV ;

END;
```

1. 计数;
2. 产生标志信号

1. 对 full 信号 2 分频;
2. 输出转换

② 根据图 6-2 的仿真波形提示，分析例 6-1 中的各语句功能、设计原理、逻辑功能，并详述进程 P_REG 和 P_DIV 的作用。

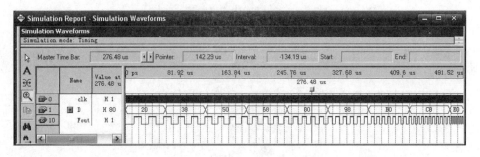

图 6-2　当给出不同输入值 D 时，Fout 输出不同频率（clk 周期 = 50ns）

③ 输入不同的时钟频率 clk 和预置值 D，进行仿真，画出波形。

④ 请读者仔细分析例 6-1，分别写出固定的 2 分频器 pulse2、10 分频器 pulse10 的 VHDL 代码，并做出仿真波形。

希望读者能够举一反三，本次最终任务为 10 分频器的仿真波形。

（3）思考

① 如何快速得到 20 分频、100 分频？

② 3 分频你会吗？

③ 你能归纳出计数值 n 与频率 F 之间的关系吗？

（4）提高（硬件实现，可选做）

DE2 是开发板而非实验箱，没有为初学者提供多样化的输入/输出（如各种频率的输入信号）。数控分频器的典型验证方法是：选择合适的输入频率，通过分频到音频范围输出给扬声器，可听到不同音调的声音，我们可以在 WZ 实验板上实现。

为了在 DE2 上硬件验证例 6-1 的功能，我们设计了如图 6-3 所示的 pulse_bdf 分频器顶层文件，8 位预置数 D 输入由开关 SW0 ~ SW7（N25、N26、P25、AE14、AF14、AD13、AC13、C13）控制；clk 由频率为 50MHz 的 CLOCK_50（N2）输入，通过 5 次 10 分频得到合适的频率；输出 Fout 接绿色发光二极管 LEDG0（AE22）。编译下载后进行硬件测试：改变开关 SW0 ~ SW7 的输入值，可看到二极管的发光频率的变化。

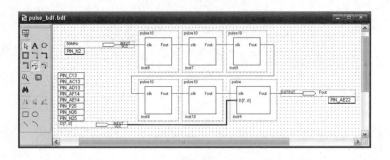

图 6-3　分频器顶层文件

（5）报告

根据以上的要求，将训练项目分析设计、仿真测试写入报告。

6.5　用状态机实现序列检测器的设计

（1）目的

① 用状态机实现序列检测器的设计，并对其进行仿真和硬件测试。

② 学习灵活应用已有知识自行设计实验。

（2）内容

① 相关知识　序列检测器可用于检测一组或多组由二进制码组成的脉冲序列信号。当序列检测器连续收到一组串行二进制码后，如果这组码与检测器中预先设置的码相同，则输出 1，否则输出 0。由于这种检测的关键在于正确码的收到必须是连续的，就要求检测器必须记住前一次的正确码及正确序列，直到在连续的检测中所收到的每一位码都与预置数的对应码相同。在检测过程中，任何一位不相等都将回到初始状态重新开始检测。例 6-2 描述的电路完成对序列数 11100101 的检测。当这一串序列数高位在前（左移）串行进入检测器后，若此数与预置的密码数相同，则输出 A，否则仍然输出 B。

★ 【例 6-2】　序列检测器 schk

序列检测器的 VHDL 源代码如下。

```
LIBRARY IEEE;
USE IEEE.STD_LOGIC_1164.ALL;

ENTITY schk IS
  PORT(Din,clk,clr:IN STD_LOGIC ;
              AB:OUT STD_LOGIC_VECTOR(3 DOWNTO 0));
END SCHK;

ARCHITECTURE a OF schk IS
  SIGNAL Q:INTEGER RANGE 0 TO 8 ;
  SIGNAL D:STD_LOGIC_VECTOR(7 DOWNTO 0);

BEGIN

    D<="11100101";

    PROCESS(clk,clr)
```

```
        BEGIN

          IF clr='1'  THEN Q<=0;
            ELSIF clk'EVENT AND clk='1' THEN

               CASE Q IS
                 WHEN 0 =>IF Din=D(7) THEN Q<=1;ELSE Q<=0;END IF;
                 WHEN 1 =>IF Din=D(6) THEN Q<=2;ELSE Q<=0; END IF;
                 WHEN 2 =>IF Din=D(5) THEN Q<=3;ELSE Q<=0; END IF;
                 WHEN 3 =>IF Din=D(4) THEN Q<=4;ELSE Q<=0; END IF;
                 WHEN 4 =>IF Din=D(3) THEN Q<=5;ELSE Q<=0; END IF;
                 WHEN 5 =>IF Din=D(2) THEN Q<=6;ELSE Q<=0; END IF;
                 WHEN 6 =>IF Din=D(1) THEN Q<=7;ELSE Q<=0; END IF;
                 WHEN 7 =>IF Din=D(0) THEN Q<=8;ELSE Q<=0; END IF;
                 WHEN OTHERS =>Q<=0;
               END CASE;

            END IF;

        END PROCESS;

        PROCESS(Q)

          BEGIN

          IF Q=8 THEN
              AB<="1010";
            ELSE
              AB<="1011";
          END IF;

        END PROCESS;

    END a;
```

② 说明例6-2的代码表达的是什么类型的状态机,它的优点是什么?详述其功能和对序列数检测的逻辑过程;根据例6-2写出由两个主控进程构成的相同功能的符号化 moore 型有限状态机,画出状态图,并给出其仿真测试波形。

提示　若对于 D<="11100101"，电路需记忆：初始状态、1、11、111、1110、11100、111001、1110010、11100101 共 9 种状态。

③ 对例 6-2 进行文本编辑输入、仿真测试并给出仿真波形（图 6-4），了解控制信号的时序。

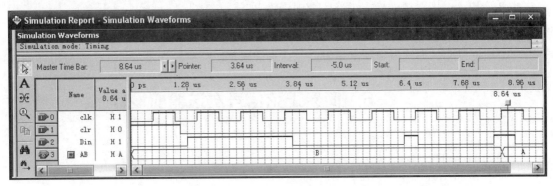

图 6-4　例 6-2 序列检测器的仿真波形

本次最终任务为序列检测器器的仿真波形。

（3）思考

① 为方便完成硬件测试，我们改例 6-2 中第 5 行为："AB：OUT STD_LOGIC_VECTOR（6 DOWNTO 0））；"，改倒数第 7 到 3 行为："IF Q＝8 THEN AB<="0001000"；ELSE AB<="0000011"；END IF；"，为什么？

② 读者下载测试，会发现下载后数码管立即显示 B，几乎没有可能显示 A，这是因为手动配合 clk 和 Din 输入难以完成，为此我们利用 5.2.2 节例 5-12 并入，串出移位寄存器 piso8 解决这一问题，其顶层文件如图 6-5 所示。

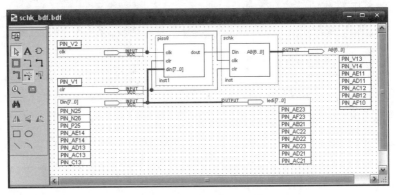

图 6-5　schk_bdf 顶层文件

③ 有一个经典的题目：用状态机控制交通灯。你可以吗？

（4）提高（硬件实现，可选做）

引脚分配建议如下：用开关 SW0～SW7（N25、N26、P25、AE14、AF14、AD13、AC13、C13）作为 Din[7..0] 预输入；用红色发光二极管 LEDR0～LEDR7（AE23、AF23、

AB21、AC22、AD22、AD23、AD21、AC21）作为输入监控；用数码管 HEX0（V13、V14、AE11、AD11、AC12、AB12、AF10）作为 AB［6..0］的输出；分别用开关 SW16、SW17（V1、V2）作为复位信号 clr 和时钟信号 clk。

下载后，① 用 SW0~SW7 输入待测序列数"11100101"；② 用 SW16 进行复位（平时数码管 HEX0 显示"B"）；③ 用 SW17 充当 9 次时钟信号（为什么是 9 次而不是 8 次?）。这时若串行输入的 8 位二进制序列码与预置码"11100101"相同，则数码管 HEX0 应从原来的 B 变成 A，表示序列检测正确，否则仍为 B。

（5）报告

根据以上的训练内容写出报告，包括设计原理、程序设计及分析、仿真分析详细过程。

6.6　简易正弦信号发送器的设计

（1）目的

① 学习宏模块调用方法。

② 学习简易正弦信号发送器的设计、分析和测试方法。

③ 学习嵌入式逻辑分析仪 SignalTap Ⅱ 的使用方法。

（2）内容

① 定制初始化数据文件　选择菜单 File→New 命令，在弹出的 New 窗口中（图 3-24）选择 Memory Files 中的 Memory Initializtion File。出现图 6-6 所示窗口，询问数据大小，我们选择 64×8。

单击 OK，出现数据输入表，输入正弦数据并保存为 sina.mif，如图 6-7 所示。

Addr	+0	+1	+2	+3	+4	+5	+6	+7
0	255	254	252	249	245	239	233	225
8	217	207	197	186	174	162	150	137
16	124	112	99	87	75	64	53	43
24	34	26	19	13	8	4	1	0
32	0	1	4	8	13	19	26	34
40	43	53	64	75	87	99	112	124
48	137	150	162	174	186	197	207	217
56	225	233	239	245	249	252	254	255

图 6-6　询问数据大小窗　　　　　　图 6-7　填入正弦数据

② 定制 LPM_ROM 文件

a. 选择菜单 Tools→Mega Wizard Plug-In Manager，弹出图 3-62 所示的［page 1］页面。选中 Create a new custom megafunction variation 单选按钮，定制一个新的模块。单击 Next>按钮，弹出图 3-61 所示［page 2a］页面。

在［page 2a］页面左栏 Memory Compiler 项下选择 ROM：1-PORT，选择器件类型为 Cyclone Ⅱ 和 VHDL 方式，最后输入设计文件存放的路径和文件名，如 C：\my_EDA\ROM\sina_ROM，单击 Next>按钮，弹出图 6-8 所示［page 1 of 5］页面。

b. 在［page 1 of 5］所示页面中选择数据宽度为 8，数据个数为 64。单击 Next>，出现图 6-9 所示［page 2 of 5］页面，询问是否创建"使能端""清零端"，直接单击 Next>，进入图 6-10 所示［page 3 of 5］页面。

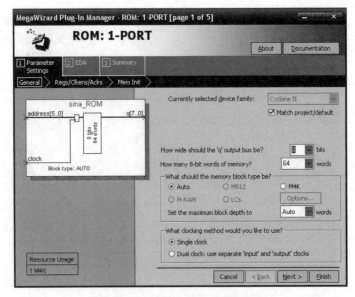

图 6-8　选择数据宽度和数据个数

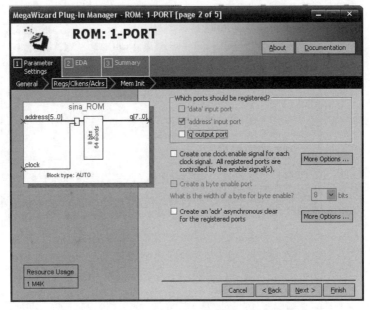

图 6-9　询问是否创建"使能端""清零端"

　　c. 在［page 3 of 5］所示页面中，选中"Yes, use this file for memory content data"项，并按 Browse…按钮，选择图 6-7 中保存的文件 c:\my_EDA\ROM\sina. mif，单击 Next>，进入［page 4 of 5］所示页面。

　　d. 在［page 4 of 5］所示页面，直接单击 Next>，进入图 6-11 所示［page5 of 5］页面，单击 Finish 完成 ROM 的定制。

　　③ 完成 sin_ROM 顶层文件　顶层文件 sin_ROM. bdf 如图 6-12 所示，由一个我们刚刚定制的 sina_ROM 模块和一个 6 位二进制计数器 cnt6 模块构成，模块 cnt6 可以参考 5. 2. 3 节例 5-13得到。

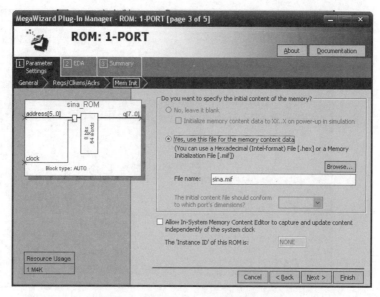

图 6-10　指定 ROM 初始化数据文件

图 6-11　完成定制 LPM_ROM 文件

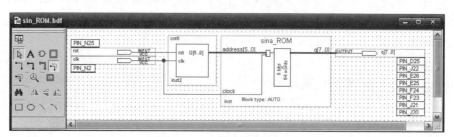

图 6-12　sin_ROM.bdf 顶层文件

④ 在编译通过的情况下，完成仿真波形（图 6-13）。

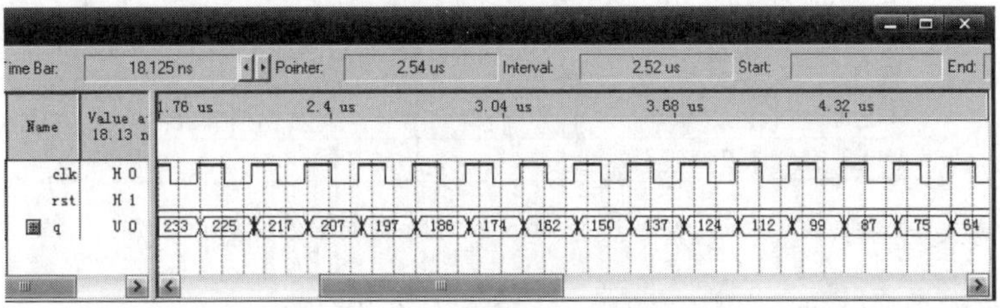

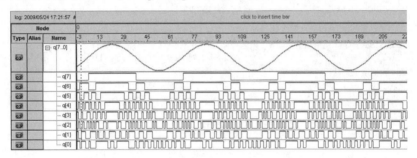

图 6-13　sin_ROM 的仿真波形

⑤ 硬件实验（嵌入式逻辑分析仪）　引脚分配建议如下：用 50MHz 晶振（N2）作为时钟信号 clk 输入，用开关 SW0(N25) 作为复位信号 rst 输入，用扩展端口 GPIO_0[7]~GPIO_0[0](J20、J21、F23、F24、E25、E26、J22、D25) 作为 q[7..0] 的输出。

全程编译通过后下载到 DE2 板，扩展端口 GPIO_0[7]~GPIO_0[0] 外接 D/A 变换后送示波器观察波形。

嵌入式逻辑分析仪 SignalTap Ⅱ 可以方便地把实际监测的信号通过 JTAG 口回送到计算机，进行显示和分析。图 6-14 为 SignalTap Ⅱ 获得 sin_ROM 的波形。

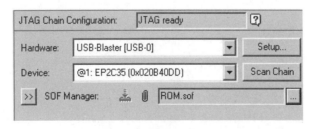

图 6-14　SignalTap Ⅱ 获得 sin_ROM 的波形

下面介绍其基本使用方法。

单击 Tools→SignalTap Ⅱ Logic Analyzer，或者单击 New…→SignalTap Ⅱ Logic Analyzer File，出现 SignalTap Ⅱ 设置界面，主要有 3 个方面的设置。

a. 选择硬件接口 USB-Blaster[USB-0]、器件为 EP2C35（DE2 接通后可以自行检测到，如图 6-15 所示）。

图 6-15　选择硬件接口、器件

b. 在图 6-16 所示中 Node 下双击输入需监测的节点 q[7..0]。

c. 配置监测信号

（a）设置嵌入式逻辑分析仪的采样工作时钟为 clk。

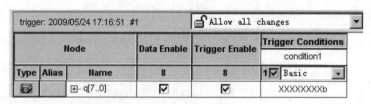

图 6-16　输入需监测的节点

（b）设置采样数据，深度为 2K，分段方式为 8×256。

图 6-17　配置监测信号

（c）设置触发信号，如图 6-17 所示：

- 触发控制为基本状态 State-based；
- 触发位置为前触发 Pre trigger position；
- 触发条件为 1；
- 触发源为 q[2]；
- 触发方式为上升沿 Rising Edge。

本次最终任务为：能看到动态变化的如图 6-14 所示的正弦波波形。

（3）思考

① 某同学的实验波形上有尖峰，你知道原因吗？

② 请描述图 6-12 所示 sin_ROM. bdf 顶层文件产生正弦波的工作原理。

③ 你会设计函数信号发生器吗？

（4）报告

根据以上的训练内容写出报告，包括设计原理、程序设计及分析、仿真分析、硬件测试和嵌入式逻辑分析仪、示波器观察波形及其详细过程。

第7章 综合训练

EDA 技术入门相对容易，深入却要花费大量的时间与精力。本章介绍 6 个小型数字系统设计，分别是键盘输入电路、动态输出 4 位十进制频率计、数字钟、DDS 信号源、基于 Dsp Builder 使用 IP Core 的 FIR 滤波器的设计，以及基于 Nios Ⅱ 的 SD 卡音乐播放器的实现，旨在使读者了解简单系统的设计方法。建议读者选择其中之一或课外选题，完成硬件实验，并尽可能尽善尽美之（把你能想到的功能都添加上）。

7.1 键盘输入电路的设计

（1）目的
① 掌握常用的输入设备——行列式键盘接口电路的实现方法。
② 学习较复杂的数字系统设计方法。

（2）内容
行列式键盘又叫矩阵式键盘。用带有 I/O 的线组成行列结构，按键设置在行列的交点上。用 4×4 的行列结构可以构成有 16 个键的键盘。这样，当按键数量平方增长时，I/O 口线是线性增长的，有效地节省 I/O 口，其原理如图 7-1 所示。

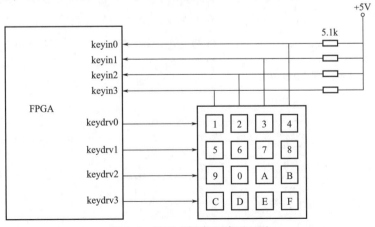

图 7-1　行列式键盘电路原理图

按键设置在行列线交叉点，行、列线分别连接到按键开关的两端。列线通过上拉电阻接 +5V 的电压，即列线的输出被钳位到高电平状态。判断有无按键按下，是通过行线送入扫描信号，然后从列线读取状态得到的。其方法是一次给行线送低电平，检查列线的输入。如果列线信号全为高电平，则表示无按键按下；如果列线有低电平输入，则低电平信号所在的行和出现低电平的列的交点处有按键按下。

设行扫描信号为 keydrv3~keydrv0，列按键输入信号为 keyin3~keyin0，它们与按键位置的关系见表 7-1。

表 7-1　行扫描信号、列按键输入信号与按键位置的关系

keydrv3~keydrv0	keyin3~keyin0	对应的按键
1110	1110	1
	1101	2
	1011	3
	0111	4
1101	1110	5
	1101	6
	1011	7
	0111	8
1011	1110	9
	1101	0
	1011	A
	0111	B
0111	1110	C
	1101	D
	1011	E
	0111	F

要正确完成按键输入工作，必须由按键扫描电路产生 keydrv3~keydrv0 信号，同时有按键译码电路。从 keydrv3~keydrv0 信号和 keyin3~keyin0 信号中译码出按键的键值，还需要一

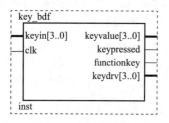

图 7-2　行列式键盘电路外部接口

个按键发生标志信号，用于和其他模块接口，通知其他模块键盘上有按键动作发生，并可以从键盘模块中读取按键值。由于各个模块需要的时钟频率不一样，故时钟产生模块就是用于产生各个模块需要的时钟信号。

行列式键盘接口电路的外部接口如图 7-2 所示，顶层文件如图 7-3 所示，由时钟产生模块 clk_gen、键盘扫描模块 keyscan 和键盘译码和按键标志产生模块 keydecoder_deb 组成。

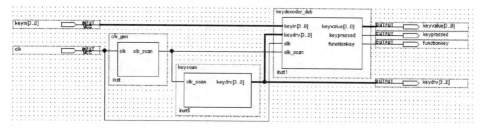

图 7-3　键盘接口电路顶层文件图

① 端口说明

keyin[3..0]：4 位列输入。

clk：全局时钟。

keyvalue[3..0]：输出键值。

keypressed：当有键被按下，输出一个宽度为全局时钟周期的正脉冲。

functionkey：功能键标志输出，高电平有效。

keydrv[3..0]：4 位行扫描输出。

② 时钟产生模块 clk_gen　clk_gen 由计数器模块和译码输出模块构成，计数器模块主要是用来分频的。clk_gen 用于产生扫描时钟，输出供给键盘扫描模块和按键标志产生模块。输入为全局时钟，假设全局时钟 clk = 12MHz，则输出是周期为 100ms 的扫描时钟，其代码如例 7-1 所示。

★ 【例 7-1】　时钟产生模块 clk_gen

时钟产生模块 clk_gen 的 VHDL 源代码如下。

```
LIBRARY IEEE;
USE IEEE. STD_LOGIC_1164. ALL;
USE IEEE. STD_LOGIC_ARITH. ALL;

ENTITY clk_gen IS
   PORT(     clk:IN STD_LOGIC;
        clk_scan:OUT STD_LOGIC);
END clk_gen;

ARCHITECTURE rtl OF clk_gen IS
   SIGNAL cnt:INTEGER RANGE 0 TO 119999;

     BEGIN

     PROCESS(clk)

      BEGIN

        IF clk' EVENT AND clk ='1' THEN
          IF cnt=cnt' HIGH THEN
             cnt<=0;
           ELSE
              cnt<=cnt+1;
          END IF;
        END IF;
```

```
        END PROCESS;

        PROCESS(cnt,clk)

          BEGIN

            IF clk'EVENT AND clk='1' THEN
              IF cnt>=cnt'HIGH/2 THEN
                clk_scan<='1';
              ELSE
                clk_scan<='0';
              END IF;
            END IF;

        END PROCESS;

    END rtl;
```

③ 键盘扫描电路 keyscan　keyscan 用于产生 keydrv3～keydrv0 信号，其变化的顺序依次为 1110→1101→1011→0111，周而复始地扫描。信号停留在每个状态的时间大约为 10ms。更短的停留时间既没有必要的，还容易采集到抖动信号干扰判断；而太长的停留时间，则容易丢失某些较快的按键动作。clk_scan 是周期为 10ms 的扫描时钟，keydrv 为输出到键盘宽度为 4 位的扫描信号，其 VHDL 描述如例 7-2 所示。

★ 【例 7-2】　键盘扫描电路 keyscan
键盘扫描电路 keyscan 的 VHDL 源代码如下。

```
LIBRARY IEEE;
USE IEEE.STD_LOGIC_1164.ALL;

ENTITY keyscan IS
  PORT(clk_scan:IN STD_LOGIC;
        keydrv:OUT STD_LOGIC_VECTOR(3 DOWNTO 0));
END keyscan;

ARCHITECTURE behav OF keyscan IS
  CONSTANT s0:STD_LOGIC_VECTOR(3 DOWNTO 0):="1110";
  CONSTANT s1:STD_LOGIC_VECTOR(3 DOWNTO 0):="1101";
  CONSTANT s2:STD_LOGIC_VECTOR(3 DOWNTO 0):="1011";
  CONSTANT s3:STD_LOGIC_VECTOR(3 DOWNTO 0):="0111";
```

```
    SIGNAL present_state,next_state:STD_LOGIC_VECTOR(3 DOWNTO 0);

  BEGIN

  PROCESS(clk_scan)

    BEGIN

      IF clk_scan'EVENT AND clk_scan='1' THEN
          present_state<=next_state;
      END IF;

    END PROCESS;

  PROCESS(present_state)

    BEGIN

      CASE present_state IS
        WHEN s0       => next_state<=s1;
        WHEN s1       => next_state<=s2;
        WHEN s2       => next_state<=s3;
        WHEN s3       => next_state<=s0;
        WHEN OTHERS => next_state<=s0;
      END CASE;

    END PROCESS;

    keydrv<=present_state;

  END behav;
```

④ 键盘译码和按键标志产生电路 keydecoder_deb　键盘译码是从 keydrv3～keydrv0 和 keyin3～keyin0 信号中译码出按键的值，其真值表如表 7-1 所示，按键标志产生电路与之紧密相关。clk 是由 FPGA 芯片的外部晶振给出的全局时钟信号；keydrv 为键盘扫描信号；keyin 为键盘输入信号；keyvalue 为键值；keypressed 表示有一个按键被按下，每发生一次按键动作，keypressed 就输出一个宽度为全局时钟周期的正脉冲，用于通知其他模块键盘上有按键发生，相关模块在其有效时，可以读取键值。functionkey 信号表明按键是否为功能键（键 A、B、C、D、E、F），当按键是功能键时 functionkey 为高电平。其 VHDL 描述如例 7-3 所示。

★ 【例 7-3】   键盘译码和按键标志产生电路 keydecoder_deb

键盘译码和按键标志产生电路 keydecoder_deb 的 VHDL 源代码如下。

```
LIBRARY IEEE;
USE IEEE. STD_LOGIC_1164. ALL;
USE IEEE. STD_LOGIC_ARITH. ALL;

ENTITY keydecoder_deb IS
  PORT(        keyin,keydrv:IN STD_LOGIC_VECTOR(3 DOWNTO 0);
               clk,clk_scan:IN STD_LOGIC;
                  keyvalue:OUT STD_LOGIC_VECTOR(3 DOWNTO 0);
        keypressed,functionkey:OUT STD_LOGIC);
END keydecoder_deb;

ARCHITECTURE rtl OF keydecoder_deb IS
  SIGNAL temp:STD_LOGIC_VECTOR(7 DOWNTO 0);
  SIGNAL temp_pressed,keypressed_asy:STD_LOGIC;
  SIGNAL q1,q2,q3,q4,q5,q6:STD_LOGIC;

    BEGIN

      temp<=keydrv & keyin;

    PROCESS(temp)

    BEGIN

      CASE temp IS
        WHEN "11101110"=>
                        keyvalue<=conv_std_logic_vector(1,4);
                        temp_pressed<='1';
                        functionkey<='0';
        WHEN "11101101"=>
                        keyvalue<=conv_std_logic_vector(2,4);
                        temp_pressed<='1';
                        functionkey<='0';
        WHEN "11101011"=>
                        keyvalue<=conv_std_logic_vccter(3,4);
                        temp_pressed<='1';
```

```
                                functionkey<='0' ;
        WHEN "11100111"=>
                                keyvalue<=conv_std_logic_vector(4,4) ;
                                temp_pressed<='1' ;
                                functionkey<='0' ;
        WHEN "11011110"=>
                                keyvalue<=conv_std_logic_vector(5,4) ;
                                temp_pressed<='1' ;
                                functionkey<='0' ;
        WHEN "11011101"=>
                                keyvalue<=conv_std_logic_vector(6,4) ;
                                temp_pressed<='1' ;
                                functionkey<='0' ;
        WHEN "11011011"=>
                                keyvalue<=conv_std_logic_vector(7,4) ;
                                temp_pressed<='1' ;
                                functionkey<='0' ;
        WHEN "11010111"=>
                                keyvalue<=conv_std_logic_vector(8,4) ;
                                temp_pressed<='1' ;
                                functionkey<='0' ;
        WHEN "10111110"=>
                                keyvalue<=conv_std_logic_vector(9,4) ;
                                temp_pressed<='1' ;
                                functionkey<='0' ;
        WHEN "10111101"=>
                                keyvalue<=conv_std_logic_vector(0,4) ;
                                temp_pressed<='1' ;
                                functionkey<='0' ;
        WHEN "10111011"=>
                                keyvalue<=conv_std_logic_vector(10,4) ;
                                temp_pressed<='1' ;
                                functionkey<='1' ;
        WHEN "10110111"=>
                                keyvalue<=conv_std_logic_vector(11,4) ;
                                temp_pressed<='1' ;
                                functionkey<='1' ;
        WHEN "01111110"=>
```

```
                              keyvalue<= conv_std_logic_vector( 12,4);
                              temp_pressed<='1';
                              functionkey<='1';
           WHEN "01111101"=>
                              keyvalue<= conv_std_logic_vector( 13,4);
                              temp_pressed<='1';
                              functionkey<='1';
           WHEN "01111011"=>
                              keyvalue<= conv_std_logic_vector( 14,4);
                              temp_pressed<='1';
                              functionkey<='1';
           WHEN "01110111"=>
                              keyvalue<= conv_std_logic_vector( 15,4);
                              temp_pressed<='1';
                              functionkey<='1';
           WHEN OTHERS =>temp_pressed<='0';
       END CASE;

END PROCESS;

PROCESS( clk_scan)

BEGIN

   IF clk_scan' EVENT AND clk_scan ='1'  THEN
      q1<= temp_pressed;
      q2<=q1;
      q3<=q2;
      q4<=q3;
   END IF;

   keypressed_asy<=q1 OR q2 OR q3 OR q4;

END PROCESS;

PROCESS( clk)

   BEGIN
```

```
    IF clk' EVENT AND clk = '1'  THEN
        q5 <= keypressed_asy;
        q6 <= q5;
    END IF;

    keypressed <= q5 AND NOT(q6);

  END PROCESS;

END rtl;
```

在上述电路中，需要说明以下几点。

a. 按键信号 temp_pressed 首先通过 clk_scan 信号的上升沿采样。通过采样后，抖动噪声被消除。

b. 采样后的信号被分别延迟 1~4 个 clk_scan 周期，得到 4 个信号 q1、q2、q3 和 q4。这 4 个信号进行运算后，得到一个宽约 80ms，并且与全局时钟异步的按键信号 keypressed_asy。通过这种方法，使一个长时间的按键过程仍然被认为是一次按键。

⑤ 完成以上各部件及顶层文件的全程编译。

⑥ 讨论　以上设计仅考虑理想情况下的按键动作，而实际的按键动作存在两个问题：第一，按键是有抖动的；第二，按键时间长度的不确定性。因此设计的按键发生标志电路，不仅要解决按键抖动导致一次按键被当成多次的问题，同时还要解决按键时间太长，导致一次按键被当成多次的问题。如何解决？

注意事项

① DE2 上没有小键盘，但是可以完成硬件实验，我们称之为模拟硬件实验。需要读者对设计思想充分理解，而后进行实验设计。

② 原题设全局时钟 clk = 12MHz，我们做硬件实验是不可以假设的。

（3）提高

采用键盘硬件小模块，利用 DE2 或 WZ 提供的扩展 I/O 端口自行设计，并实现行列式键盘输入（可作为课程设计）。

7.2　动态输出 4 位十进制频率计的设计

（1）目的

① 学习掌握频率计的设计方法。

② 掌握动态扫描输出电路的实现方法。

③ 学习较复杂的数字系统设计方法。

（2）内容

4位十进制频率计的外部接口如图7-4所示，顶层文件如图7-5所示，包含4种模块：Tctl、reg16、scan_led 和4个 cnt10，其中十进制计数模块 cnt10 我们已经学习过。

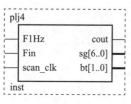

图7-4 4位十进制频率计
的外部接口

① 端口说明

F1Hz：给 Tctl 模块提供 1Hz 的频率输入。

Fin：被测频率输入。

scan_clk：给 scan_led 模块提供扫描频率输入（建议为 200Hz，为什么？）。

bt［1..0］：片选信号输出。

sg［6..0］：译码信号输出。

cout：进位输出。

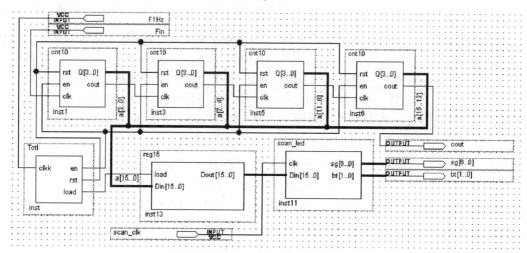

图7-5 4位十进制频率计顶层文件图

② Tctl 模块说明 根据频率的定义和测量的基本原理，测定信号的频率必须有一个脉宽为 1s 的对输入信号脉冲计数允许的信号；1s 计数结束后，计数值锁入锁存器的锁存信号和为下一测频计数周期做准备的计数器清零信号。这3个信号可以由一个测频控制信号发生器 Tctl 产生，其设计要求是：Tctl 的计数使能信号 en 能产生一个 1s 脉宽的周期信号，并对频率计的每一计数器 cnt10 的 en 使能端进行同步控制。当 en 高电平时，允许计数；低电平时，停止计数，并保持其所计的脉冲数。在停止计数期间，首先需要一个锁存信号 load 的上升沿，将计数器在前 1s 的计数值锁存进锁存器 reg16 中，并由外部的译码器译出并显示计数值。锁存信号之后，必须有一清零信号 rst 对计数器进行清零，为下 1s 的计数操作做准备。其工作时序波形如图7-6所示。

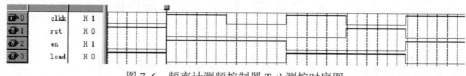

图7-6 频率计测频控制器 Tctl 测控时序图

★【例7-4】 控制模块 Tctl 源代码

控制模块 Tctl 的 VHDL 源代码如下。

```
LIBRARY IEEE;
USE IEEE. STD_LOGIC_1164. ALL;
USE IEEE. STD_LOGIC_UNSIGNED. ALL;

ENTITY Tctl IS
  PORT (      clkk:IN STD_LOGIC;
        en,rst,load:OUT STD_LOGIC);
END;

ARCHITECTURE behav OF Tctl IS
  SIGNAL div2clk:STD_LOGIC;

BEGIN

  PROCESS(clkk)

    BEGIN

      IF clkk' EVENT AND clkk='1' THEN
        div2clk<=NOT div2clk;
      END IF;

  END PROCESS;

  PROCESS (clkk,div2clk)

    BEGIN

      IF clkk='0' AND div2clk='0' THEN
        rst<='1';
      ELSE
        RST<='0';
      END IF;

  END PROCESS;

    load<=NOT div2clk;
    en<=div2clk;

END behav;
```

③ reg16 模块说明　设置锁存器的目的是使显示的数据稳定，不会由于周期性的清零信号而不断闪烁。

★ 【例 7-5】　16 锁存器代码锁存器的 VHDL 实现 reg16

16 锁存器代码锁存器的 VHDL 源代码如下。

```
LIBRARY IEEE;
USE IEEE. STD_LOGIC_1164. ALL;

ENTITY reg16 IS
  PORT(load:IN STD_LOGIC;
        Din:IN STD_LOGIC_VECTOR(15 DOWNTO 0);
        Dout:OUT STD_LOGIC_VECTOR(15 DOWNTO 0));
END;

ARCHITECTURE behav OF reg16 IS

  BEGIN

    PROCESS(load,Din)

      BEGIN

      IF load' EVENT AND load='1'  THEN
        Dout<=Din;
      END IF;

    END PROCESS;

END behav;
```

④ scan_led 模块说明　动态显示是把所有 LED 管的输入信号连在一起，如图 7-7 所示。这种连接方式有两个优点：其一，节约器件的 I/O 端口；其二，降低功耗。每次向 LED 写数据时，通过片选信号选通其中一个 LED 管并把数据写入，因此每一个时刻只有一个 LED 是亮的。为了能持续看到 LED 上面的显示内容，必须对 LED 管进行扫描，即依次并循环点亮各个 LED 管。利用人眼的视觉暂停，加上发光器件的余辉效应，在一定的扫描频率下，人眼就会看到多个 LED 一起点亮。扫描频率的大小必须合适，才能达到很好的效果。如果扫描频率太低，就会产生闪烁；而扫描频率太高，会造成 LED 的频繁开启和关断，增加 LED 的功耗。通常，扫描频率选择 50Hz 比较合适。

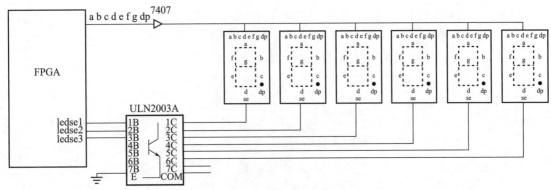

图 7-7　LED 动态输出电路原理

图 7-8 为 6 位 LED 动态扫描输出电路外部接口，例 7-6 为 6 位 LED 动态扫描输出的 VHDL 源代码，其中 clk 为扫描时钟，考虑到 cnt8 的分频作用，此处建议为 300Hz，当 LED 个数较多时，需考虑级联问题；sg[6..0] 为当前正在显示的 LED 地址的已译码数据；bt[2..0] 为输出的片选信号，决定某 LED 在某时刻的显示数据；Din[23..0] 为 4 位一组的 BCD 码，共 6 位，供显示输出的数据输入。

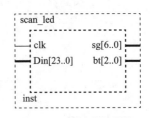

图 7-8　LED 动态扫描输出电路外部接口

scan_led 的内部包括以下 3 个进程：计数模块扫描时钟发生器、多路选通器模块、译码模块。

★【例 7-6】　6 位 LED 动态扫描输出 scan_led

6 位 LED 动态扫描输出的 VHDL 源代码如下。

```
LIBRARY IEEE;
USE IEEE. STD_LOGIC_1164. ALL;
USE IEEE. STD_LOGIC_UNSIGNED. ALL;

ENTITY scan_led IS
    PORT (clk:IN STD_LOGIC;
          Din:IN STD_LOGIC_VECTOR(23 DOWNTO 0);
          sg:OUT STD_LOGIC_VECTOR(6 DOWNTO 0);
          bt:OUT STD_LOGIC_VECTOR(2 DOWNTO 0));
END;

ARCHITECTURE behav OF scan_led IS
    SIGNAL cnt8:STD_LOGIC_VECTOR(2 DOWNTO 0);
    SIGNAL   q:STD_LOGIC_VECTOR(3 DOWNTO 0);

    BEGIN

p1:PROCESS(clk)
```

```
        BEGIN

          IF clk' EVENT AND clk = '1'  THEN
            cnt8 <= cnt8 + 1 ;
          END IF ;

END PROCESS p1 ;

p2 : PROCESS( cnt8 )

        BEGIN

    CASE cnt8 IS
      WHEN "000" => bt <= "000"; q <= Din( 3 DOWNTO 0 ) ;
      WHEN "001" => bt <= "001"; q <= Din( 7 DOWNTO 4 ) ;
      WHEN "010" => bt <= "010"; q <= Din( 11 DOWNTO 8 ) ;
      WHEN "011" => bt <= "011"; q <= Din( 15 DOWNTO 12 ) ;
      WHEN "100" => bt <= "100"; q <= Din( 19 DOWNTO 16 ) ;
      WHEN "101" => bt <= "101"; q <= Din( 23 DOWNTO 20 ) ;
      WHEN OTHERS => NULL;
    END CASE ;

END PROCESS p2 ;

p3 : PROCESS( q )

        BEGIN

    CASE q IS
      WHEN "0000" => sg <= "0111111";
      WHEN "0001" => sg <= "0000110";
      WHEN "0010" => sg <= "1011011";
      WHEN "0011" => sg <= "1001111";
      WHEN "0100" => sg <= "1100110";
      WHEN "0101" => sg <= "1101101";
      WHEN "0110" => sg <= "1111101";
      WHEN "0111" => sg <= "0000111";
      WHEN "1000" => sg <= "1111111";
      WHEN "1001" => sg <= "1101111";
```

```
      WHEN OTHERS => NULL;
    END CASE;

  END PROCESS p3；

  END  behav；
```

请读者认真读懂例 7-6，自行改为 4 位输出，用于本设计。

⑤ 根据例 7-4、例 7-5 及图 7-7，说明图 7-5 描述的 4 位十进制频率计的工作原理，并根据图 7-5，写出频率计的顶层文件，并给出其测频时序波形及其分析。

注意事项

① DE2 只支持静态输出，请改输出为静态。

② 原题设输入 F1Hz 为 1Hz 信号，做硬件实验是不可以假设的。

③ 能够测量 3 个不同的数据，即视为完成。

（3）提高

DE2 没有提供动态输出方式，我们可以在 WZ 实现。

F1Hz 的 1Hz 输入频率我们可以通过 50MHz 晶振分频实现，也可以通过外部信号获得。请查阅附录 B 中的资源分配，定义输入/输出脚，编译、综合和适配频率计顶层设计文件，并编程下载到目标器件中。

利用一个低频时钟（2Hz）与全部的输入信号 a、b、c、d、e、f、g 和 dp 分别做"与"运算，然后再送到 LED 的输入端口。这样在 LED 管上显示的内容，就会以该低频时钟的频率闪烁，请读者自行完成闪烁部分（选做）。

将频率计扩展为 8 位十进制频率计，并在测频速度上给予优化，使其能测出更高的频率。

7.3　数字钟的设计

（1）目的

① 学习掌握数字钟的设计方法。

② 学习较复杂的数字系统设计方法。

（2）内容

数字钟是数字电路中的一个典型应用。本设计实现数字钟的一些基本功能，能进行正常的时、分、秒计时功能，能实现整点报时功能，当计时到达 59 分 52 秒时开始报时，在 59 分 52 秒、59 分 54 秒、59 分 56 秒、59 分 58 秒时鸣叫，鸣叫声频为500Hz，在到达 59 分 60 秒时为最后一声整点报时，频率为1kHz。其外部接口如图 7-9 所示，总体设计框图如图 7-10 所示，

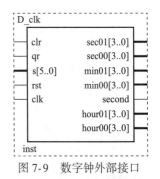

图 7-9　数字钟外部接口

包含 control、sec、min、hour、sst 五大模块。其中 sec 和 min 模块均为六十进制计数器，计时输出分别为秒和分的数值；hour 模块为二十四进制计数器，计时输出为小时的数值（六十进制计数器程序代码参见 5.2.3 节例 5-15）。

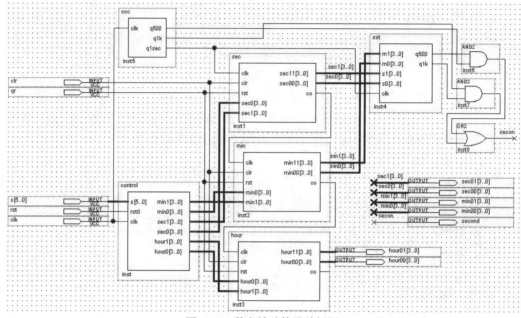

图 7-10　数字钟总体设计框图

① 端口说明

s[5..0] 信号对应 6 个控制键，分别对应秒个位、秒十位、分个位、分十位、小时个位、小时十位。

rst 信号为复位信号，在系统初始化时使用，clk 为系统时钟，clr 信号为清零信号。

sound 信号连接扬声器，产生鸣叫。

sec1[3..0] 表示秒十位。

sec0[3..0] 表示秒个位。

min1[3..0] 表示分十位。

min0[3..0] 表示分个位。

hour1[3..0] 表示小时十位。

hour0[3..0] 表示小时个位。

② control 控制模块　实现修改时间功能，其子模块 con1 功能为采集修改数值。

★ 【例 7-7】　control 控制模块

control 控制模块的 VHDL 源代码如下。

```
LIBRARY IEEE;
USE IEEE. STD_LOGIC_1164. ALL;
USE IEEE. STD_LOGIC_UNSIGNED. ALL;


ENTITY control IS
```

```
PORT(        s:IN STD_LOGIC_VECTOR(5 DOWNTO 0);
        clk,rst0:IN STD_LOGIC;
      min1,min0:OUT STD_LOGIC_VECTOR(3 DOWNTO 0);
      sec1,sec0:OUT STD_LOGIC_VECTOR(3 DOWNTO 0);
   hour1,hour0:OUT STD_LOGIC_VECTOR(3 DOWNTO 0));
END;


ARCHITECTURE one OF control IS
  SIGNAL min11,min00,sec11,sec00,hour11,hour00:STD_LOGIC_VECTOR(3 DOWNTO 0);

  COMPONENT con1 IS
    PORT(s,rst:IN STD_LOGIC;
            q:OUT STD_LOGIC_VECTOR(3 DOWNTO 0));
  END COMPONENT con1;

    BEGIN

      u0:con1 PORT MAP(s=>s(0),rst=>rst0,q=>sec00);
      u1:con1 PORT MAP(s=>s(1),rst=>rst0,q=>sec11);
      u2:con1 PORT MAP(s=>s(2),rst=>rst0,q=>min00);
      u3:con1 PORT MAP(s=>s(3),rst=>rst0,q=>min11);
      u4:con1 PORT MAP(s=>s(4),rst=>rst0,q=>hour00);
      u5:con1 PORT MAP(s=>s(5),rst=>rst0,q=>hour11);

    PROCESS(clk)

      BEGIN

        IF clk'EVENT AND clk='1' THEN
          sec1<=sec11;    sec0<=sec00;
          min1<=min11;   min0<=min00;
          hour1<=hour11; hour0<=hour00;
        END IF;

    END PROCESS;

END;
```

③ con1 模块 实现对按键数的统计，按键一次，计数器加 1，如果大于 9 时，自动回零。

★ 【例 7-8】　con1 模块

con1 模块的 VHDL 源代码如下。

```
LIBRARY IEEE;
USE IEEE. STD_LOGIC_1164. ALL;
USE IEEE. STD_LOGIC_UNSIGNED. ALL;

ENTITY con1 IS
    PORT(s,rst:IN STD_LOGIC;
                q:OUT STD_LOGIC_VECTOR(3 DOWNTO 0));
END;

ARCHITECTURE one OF con1 IS
    SIGNAL q1:STD_LOGIC_VECTOR(3 DOWNTO 0);

    BEGIN

        PROCESS(s,rst)

            BEGIN

                IF rst='1'  THEN q1<="0000";
                    ELSIF s'EVENT AND s='1'  THEN
                        IF q1<"1001" THEN
                            q1<=q1+1;
                        ELSE
                            q1<="0000";
                        END IF;
                    END IF;

        END process;

    q<=q1;

END;
```

④ sst 模块　为整点报时提供控制信号，当 58 分，秒为 52、54、56、58 时，q500 输出 "1"；秒为 00 时，q1k 输出 "1"。这两个信号经过逻辑门实现报时功能。

★ 【例 7-9】　sst 模块

sst 模块的 VHDL 源代码如下。

```
LIBRARY IEEE;
USE IEEE. STD_LOGIC_1164. ALL;
USE IEEE. STD_LOGIC_UNSIGNED. ALL;

ENTITY sst IS
  PORT(m1,m0,s1,s0:IN STD_LOGIC_VECTOR(3 DOWNTO 0);
               clk:IN STD_LOGIC;
          q500,q1k:OUT STD_LOGIC);
END;

ARCHITECTURE one OF sst IS

  BEGIN

    PROCESS(clk)

      BEGIN

        IF clk' EVENT AND clk ='1'  THEN
          IF m1 ="0101" AND m0 ="1001" AND s1 ="0101" THEN
            IF s0 ="0001" or s0 ="0011" or s0 ="0101" or s0 ="0111" THEN
                q500<='1' ;
              ELSE
                q500<='0' ;
            END IF;
          END IF;
          IF m1 ="0101" AND m0 ="1001" AND s1 ="0101" AND s0 ="1001" THEN
              q1k<='1' ;
            ELSE
              q1k<='0' ;
          END IF;
        END IF;

    END PROCESS;

  END;
```

⑤ ccc 模块　对系统时钟 clk 输入的 4MHz 频率信号进行分频，产生频率分别为 1000Hz、500Hz 和 1Hz 的时钟信号。

★ 【例 7-10】　ccc 模块

ccc 模块的 VHDL 源代码如下。

```
LIBRARY IEEE;
USE IEEE. STD_LOGIC_1164. ALL;
USE IEEE. STD_LOGIC_UNSIGNED. ALL;

ENTITY ccc IS
  PORT(              clk:IN STD_LOGIC;
         q500,q1k,q1sec:OUT STD_LOGIC);
END;

ARCHITECTURE one OF ccc IS
  SIGNAL x,y,z:STD_LOGIC;

    BEGIN

    PROCESS(clk)
      VARIABLE cnt:INTEGER RANGE 0 TO 1999;

        BEGIN

          IF clk' EVENT AND clk ='1'  THEN
            IF cnt<1999 THEN
                cnt: = cnt+1;
              ELSE
              cnt: = 0;
               x<= NOT x;
            END IF;
            END IF;

    END PROCESS;

    q1k<= x;

    PROCESS(x)

      BEGIN

        IF x' EVENT AND x ='1'  THEN
```

```
                y<=not y;
            END IF;

        END PROCESS;

        q500<=y;

        PROCESS(y)
            VARIABLE cnt:INTEGER RANGE 0 TO 499;

            BEGIN

                IF y'EVENT AND y='1' THEN
                    IF cnt<499 THEN
                        cnt:=cnt+1;
                    ELSE
                        cnt:=0;
                        z<=NOT z;
                    END IF;
                END IF;

        END PROCESS;

        q1sec<=z;

    END;
```

完成上述各部件及顶层文件全程编译。

注意事项

① 请改输出为静态。

② 对系统时钟 clk 输入的 4MHz 频率信号，原题设输入 F1Hz 为 1Hz 信号，做硬件实验是不可以假设的。

③ 能把时间设为当前时间，正常走动，有进位，即视为完成。

（3）提高

通过 PLL 或分频器，由 50MHz 晶振获得 4MHz 的 clk 时钟信号，查阅附录引脚对应表后锁定，在 DE2 或 WZ 上硬件实现。

增加一些如设置闪烁、秒表计时等功能。

7.4　DDS 信号源的设计

（1）目的

① 学习掌握 DDS 信号源的设计方法。

② 学习较复杂的数字系统设计方法。

（2）内容

DDS 是一种以全数字技术从相位概念出发直接合成所需波形的频率合成技术。目前使

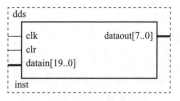

图 7-11　DDS 信号源外部接口

用最广泛的方式，是利用高速存储器作查找表，然后通过高速 DAC 输出已经用数字形式存入的正弦波。其外部接口如图 7-11 所示，总体设计框图如图 7-12 所示，包含 dds_fen、dds_rom 和 dds_rom 三个模块。dds_fen 根据需要生成信号频率值，产生对应的时钟信号；dds_sin 实现正弦波地址数据输出；dds_rom 用来保存正弦波波形数据。

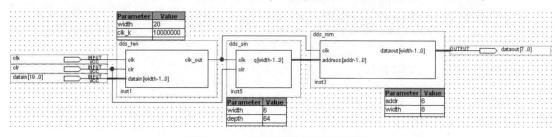

图 7-12　DDS 信号源总体设计框图

① 端口说明

clk：系统时钟。

clr：清零信号。

datain[19..0]：设定频率值。

dataout[7..0]：频率输出。

② dds_fen 模块　根据需要生成的信号频率值，产生对应的时钟信号，是 DDS 设计的核心部分。clk 为系统时钟，clr 为清零信号，datain 为所需频率值。该模块根据 datain 提供的频率值，产生对应的后续模块的时钟信号。在后续正弦波产生模块中，需要提供的时钟信号为所需频率值的 64 倍，通过相位累加即可得所需频率。

★【例 7-11】　dds_fen 模块

dds_fen 模块的 VHDL 源代码如下。

```
LIBRARY IEEE;
USE IEEE. STD_LOGIC_1164. ALL;
USE IEEE. STD_LOGIC_UNSIGNED. ALL;
USE IEEE. STD_LOGIC_ARITH. ALL;
```

```
ENTITY dds_fen IS
  GENERIC(WIDTH:INTEGER:=20;
            clk_k:INTEGER:=10000000);
   PORT(clk,clr:IN STD_LOGIC;
         datain:IN STD_LOGIC_VECTOR(WIDTH-1 DOWNTO 0);
        clk_out:OUT STD_LOGIC);
END;

ARCHITECTURE one OF dds_fen IS
  SIGNAL   q:INTEGER RANGE 0 TO clk_k;
  SIGNAL data_c:STD_LOGIC_VECTOR((WIDTH-1+6) DOWNTO 0);
  SIGNAL clk_out_c:STD_LOGIC;

  BEGIN

    data_c<=datain&"000000";

    PROCESS(clk,clr,datain)

      BEGIN

        IF clr='1' THEN q<=0;
          ELSIF clk'EVENT AND clk='1' THEN
            IF q<clk_k-CONV_INTEGER(data_c) THEN
                q<=q+CONV_ INTEGER(data_c);
                clk_out_c<='0';
              ELSE
                q<=0;
                clk_out_c<='1';
            END IF;
          END IF;

      END PROCESS;

  clk_out<=clk_out_c;

END;
```

③ dds_sin 模块实现正弦波地址数据输出。

★ 【例 7-12】 dds_sin 模块

dds_sin 模块的 VHDL 源代码如下。

```vhdl
LIBRARY IEEE;
USE IEEE. STD_LOGIC_1164. ALL;
USE IEEE. STD_LOGIC_UNSIGNED. ALL;
USE IEEE. STD_LOGIC_ARITH. ALL;

ENTITY dds_sin IS
    GENERIC(WIDTH:INTEGER:=10;
                 depth:INTEGER:=1024);

    PORT(clk,clr:IN STD_LOGIC;
                 q:OUT STD_LOGIC_VECTOR(WIDTH-1 DOWNTO 0));
END;

ARCHITECTURE one OF dds_sin IS
    SIGNAL q1:INTEGER RANGE 0 TO (depth-1);

    BEGIN

        PROCESS(clk,clr)

            BEGIN

                IF clr='1' THEN q1<=0;
                    ELSIF clk'EVENT AND clk='1' THEN
                        IF q1<(depth-1) THEN
                                q1<=q1+1;
                            ELSE
                                q1<=0;
                        END IF;
                    END IF;

        END PROCESS;

        q<=CONV_STD_LOGIC_VECTOR(q1,WIDTH);

END;
```

④ dds_rom 模块用来保存正弦波波形数据。

★ 【例 7-13】   dds_rom 模块
dds_rom 模块的 VHDL 源代码如下。

```
LIBRARY IEEE;
USE IEEE. STD_LOGIC_1164. ALL;
USE IEEE. STD_LOGIC_UNSIGNED. ALL;
USE IEEE. STD_LOGIC_ARITH. ALL;

ENTITY dds_rom IS
  GENERIC(addr:INTEGER:=6;
          width:INTEGER:=8);

  PORT(   clk:IN STD_LOGIC;
       address:IN STD_LOGIC_VECTOR(addr-1 DOWNTO 0);
       dataout:OUT STD_LOGIC_VECTOR(WIDTH-1 DOWNTO 0));
END;

ARCHITECTURE one OF dds_rom IS
  SIGNAL q:INTEGER RANGE 0 TO 63;
  SIGNAL d:INTEGER RANGE 0 TO 255;

    BEGIN

      q<=CONV_INTEGER(address);

    PROCESS(clk)

      BEGIN

      CASE q IS
    WHEN 00=>d<=255;WHEN 01=>d<=254; WHEN 02=>d<=252;WHEN 03=>d<=249;
    WHEN 04=>d<=245;WHEN 05=>d<=239; WHEN 06=>d<=233;WHEN 07=>d<=225;
    WHEN 08=>d<=217;WHEN 09=>d<=207; WHEN 10=>d<=197;WHEN 11=>d<=186;
    WHEN 12=>d<=174;WHEN 13=>d<=162;WHEN 14=>d<=150;WHEN 15=>d<=137;
    WHEN 16=>d<=124;WHEN 17=>d<=112; WHEN 18=>d<=99; WHEN 19=>d<=87;
    WHEN 20=>d<=75; WHEN 21=>d<=64; WHEN 22=>d<=53; WHEN 23=>d<=43;
    WHEN 24=>d<=34; WHEN 25=>d<=26; WHEN 26=>d<=19; WHEN 27=>d<=13;
```

```
WHEN 28 =>d<= 8;   WHEN 29 =>d<= 4; WHEN 30 =>d<= 1; WHEN 31 =>d<= 0;
WHEN 32 =>d<= 0;   WHEN 33 =>d<= 1; WHEN 34 =>d<= 4; WHEN 35 =>d<= 8;
WHEN 36 =>d<= 13; WHEN 37 =>d<= 19; WHEN 38 =>d<= 26; WHEN 39 =>d<= 34;
WHEN 40 =>d<= 43; WHEN 41 =>d<= 53; WHEN 42 =>d<= 64; WHEN 43 =>d<= 75;
WHEN 44 =>d<= 87; WHEN 45 =>d<= 99; WHEN 46 =>d<= 112;WHEN 47 =>d<= 124;
WHEN 48 =>d<= 137;WHEN 49 =>d<= 150;WHEN 50 =>d<= 162;WHEN 51 =>d<= 174;
WHEN 52 =>d<= 186;WHEN 53 =>d<= 197;WHEN 54 =>d<= 207;WHEN 55 =>d<= 217;
WHEN 56 =>d<= 225;WHEN 57 =>d<= 233;WHEN 58 =>d<= 239;WHEN 59 =>d<= 245;
WHEN 60 =>d<= 249;WHEN 61 =>d<= 252;WHEN 62 =>d<= 254;WHEN 63 =>d<= 255;
WHEN OTHERS =>NULL;
    END CASE;

END PROCESS;

dataout<= CONV_STD_LOGIC_VECTOR( d,WIDTH );

END;
```

注意事项
① DE2 上输入脚不够用，请考虑处理方法。
② 利用嵌入式逻辑分析仪 SignalTap Ⅱ观察波形，频率可调即视为完成。

（3） **提高**
① 参考此方法自己实践三角波、方波等其他波形的产生。
② 利用嵌入式逻辑分析仪 SignalTap Ⅱ观察波形。
③ 自行设计 D/A 电路，利用 DE2 或 WZ 提供的扩展 I/O 端口输出，在示波器上观察波形。

7.5 基于 Dsp Builder 使用 IP Core 的 FIR 滤波器的设计

（1） **目的**
① 学习掌握 Dsp Builder 的设计方法。
② 学习掌握 IP Core 的使用方法。
③ 学习较复杂的数字系统设计方法。

（2） **内容**
FIR 滤波器的设计是比较复杂的，基于 Dsp Builder 使用 IP Core 设计 FIR 滤波器，可以帮助我们快速完成设计，步骤如下（参见 3.4.5 节）。

① 创建一个新的 Simulink 模型（如 c:\my_EDA\MATLAB\my_FIR. mdl）。

② 加入 FIR Compiler 模块　在 Simulink Library Browser 窗口，选择 Altera DSP Builder Blockset 的 MegaCore Functions 库，如图 7-13 所示；把 fir_compiler_v9.0 模块拖到新建的 Simulink 模型编辑窗（my_FIR. mdl），并重新命名为 my_fir_1。fir_compiler_v9.0 模块在编辑窗的初始图形如图 7-14 所示。

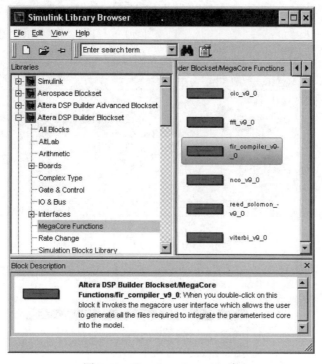

图 7-13　MegaCore Functions 库

③ 确定 FIR Compiler Function 的参数

a. 双击 fir_compiler_v9.0 模块，出现如图 7-15 所示 FIR 编译工作台。

b. 单击 Step 1：Parameterize，出现如图 7-16 所示参数设置界面，改变器件类型为 Cyclone Ⅱ，其他参数均采用默认值，确定为一个低通滤波器，单击 Finish 完成。

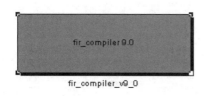

图 7-14　fir_compiler_v9.0 模块　　　　图 7-15　FIR 编译工作台

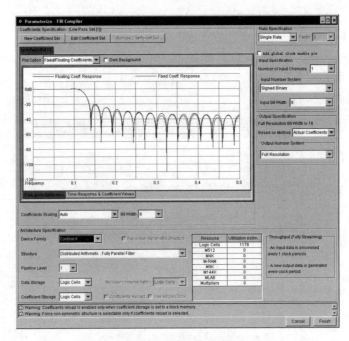

图 7-16 参数设置界面

c. 在图 7-15 中单击 Step 2：Generate，生成确定了参数的低通滤波器，其生成报告如图 7-17 所示。

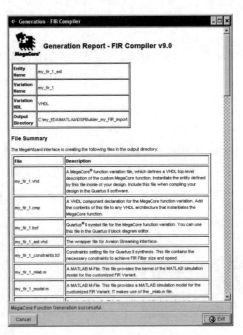

图 7-17 FIR 编译工作台生成报告

在图 7-17 中单击 Exit 退出，出现图 7-18 所示界面，FIR 编译工作台正在生成模型，之后图 7-18 所示界面会自动关闭，同时发现 fir_compiler_v9.0 模块的图标会发生变化，如图 7-19 所示。

Altera MegaCore Function
Building DSP Builder model.

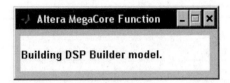

图 7-18　IP 设置工具工作台正在生成模型

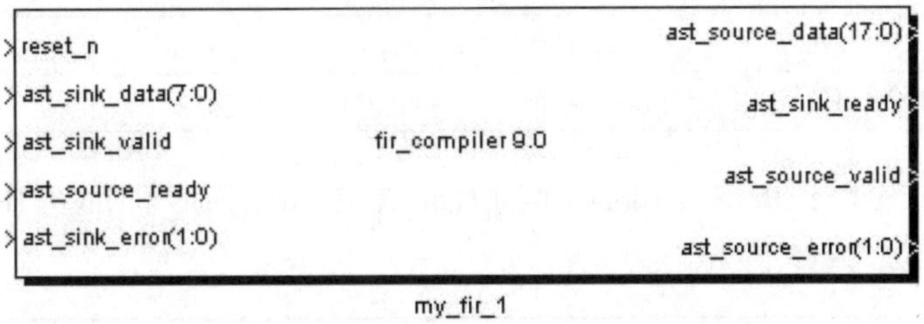

reset_n
ast_sink_data(7:0)
ast_sink_valid
ast_source_ready
ast_sink_error(1:0)
fir_compiler 9.0
ast_source_data(17:0)
ast_sink_ready
ast_source_valid
ast_source_error(1:0)
my_fir_1

图 7-19　设置参数后的 fir_compiler_v9.0 模块图标

④ 加入其他模块

a. 从 Simulink 的 Sources 库中向 my_FIR.mdl 加入两个 Sine Wave 模块，其参数如下：

参数	值	
	Sine Wave	Sine Wave1
Sine type	Sample based	Sample based
Time	Use simulation time	Use simulation time
Amplitude	64	64
Bias	0	0
Samples per period	200	7
Number of offset examples	0	0
Sample time	1	1
Interpret vector parameters as 1-D	On	On

b. 从 Altera DSP Builder Blockset 的 IO & Bus 库中向 my_FIR.mdl 加入 1 个 Input 模块，其参数如下：

参数	值
Bus Type	Signed Integer
[number of bits].[]	8
Specify Clock	Off

c. 从 Altera DSP Builder Blockset 的 IO & Bus 库中向 my_FIR.mdl 加入两个 Constant 模块，其参数如下：

参数	值	
	Constant	Constant1
Constant Value	1	0
Bus Type	Single Bit	Signed Integer

续表

参数	值	
	Constant	Constant1
［Number of Bits］.［］	—	2
Bias	Truncate	Truncate0
Rounding Mode	200	7
Saturation Mode	Wrap	Wrap
Specify Clock	Off	Off

d. 从 Altera DSP Builder Blockset 的 Gate & Control 库中向 my_FIR. mdl 加入 1 个 Single Pulse 模块，其参数如下：

参数	值
Signal Generation Type	Step Up
Delay	50
Specify Clock	Off

e. 从 Altera DSP Builder Blockset 的 IO & Bus 库中向 my_FIR. mdl 加入 1 个 Output 模块，其参数如下：

参数	值
Bus Type	Signed Integer
［number of bits］.［］	18
External Type	Inferred

f. 从 Simulink 的 Sinks 库中向 my_FIR. mdl 加入 1 个 Scope 模块，并设置 Scope 为 2 个输入。

g. 按照图 7-20 所示完成 my_FIR. mdl 顶层文件的连线。

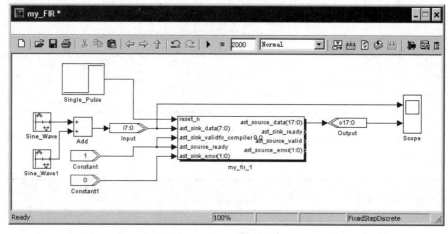

图 7-20　my_FIR. mdl 顶层文件图形界面

⑤ 在 Simulink 模型中设置仿真参数　在 my_FIR.mdl 模型窗口主菜单选择 Simulation→Configuration Parameters…，设置仿真参数如下：

参数	值
Start time	0.0
Stop time	2000
Type Fixed-step	Fixed-step
Solver	discrete（no continuous states）

⑥ 用双击示波器 Scope 模块进行仿真　在 my_FIR.mdl 模型窗口主菜单选择 Simulation→Start，双击示波器 Scope 模块，可以观察到低通滤波器的仿真波形（图 7-21）。为较好观察仿真波形，可以在 Scope 窗口单击 Autoscale 命令。

⑦ 加入 TestBench 模块进行仿真测试　从 Altera DSP Builder Blockset 的 AltLab 库中向 my_FIR.mdl 加入 TestBench 模块，用于仿真测试。双击 TestBench 模块，图 7-22 所示为运行 Run Simulink 后的界面。

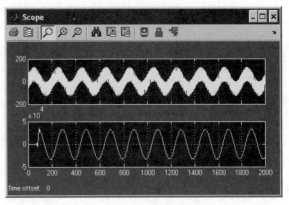

图 7-21　低通滤波器的仿真波形

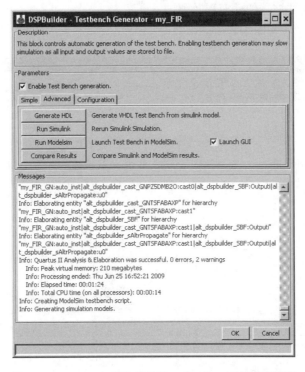

图 7-22　TestBench 模块运行 Run Simulink 后的图形界面

⑧ 转换为 Quartus Ⅱ 工程　从 Altera DSP Builder Blockset 的 AltLab 库中向 my_FIR.mdl 加入 Signal Compiler 模块。

双击 Signal Compiler 模块，出现图 3-77 所示界面。单击 Compile，当编译成功完成后单击 OK 按钮。

加入全部模块的 my_FIR.mdl 模型窗口如图 7-23 所示。

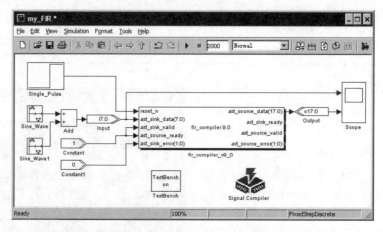

图 7-23　加入全部模块的 my_FIR.mdl 模型窗口

⑨ 在 Quartus Ⅱ 下编程下载　打开 c:\my_EDA\MATLAB\my_FIR.mdl 工程，按照实际情况选择具体芯片，重新编译通过，然后下载到 DE2 开发板。

（3）提高

① 完成 FIR 滤波器硬件实现及测试。

② 根据图 7-24 和图 7-25 所示，自行完成 AM 调制模型的设计、硬件实现及测试。

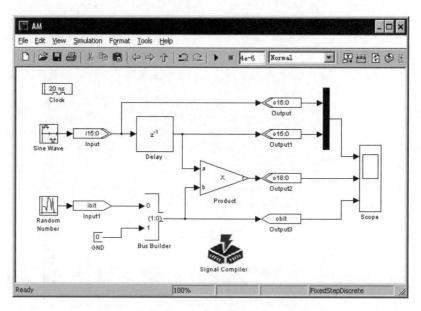

图 7-24　AM 调制模型

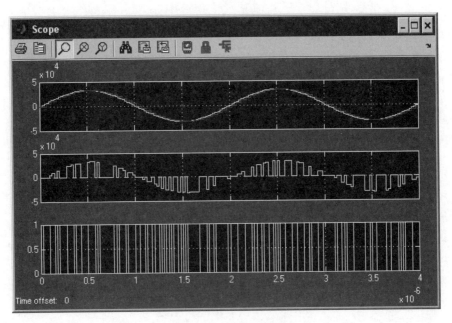

图 7-25　AM 仿真波形

提示　改实验需要特殊的授权，不建议大家选做。

7.6　基于 NIOS Ⅱ 的 SD 卡音乐播放器的实现

（1）目的

① 学习掌握 Nios Ⅱ 的调试方法。

② 实现一个 SD 卡音乐播放器。

③ 学习软、硬件联合调试方法。

（2）内容

在本项目中，为了让读者快速掌握 Nios Ⅱ 的基本调试方法，硬件部分直接采用 DE2 提供的范例程序。

硬件部分

① 将教学资源中 DE2 范例程序中的 DE2_SD_Card_Audio. rar 压缩包，解压到 c:\my_EDA\DE2_SD_Card_Audio 项目文件夹。

② 启动 Quartus Ⅱ。在其主菜单单击 File→Open Project…，并选择 c:\my_EDA\DE2_SD_Card_Audio\DE2_SD_Card_Audio. qpf，打开工程，如图 7-26 所示。

③ 在 Quartus Ⅱ 主菜单单击 Processing→StartCompilation，完成编译，图 7-27 是 9.0+SP1 版本下的编译报告界面（原范例程序在 Quartus Ⅱ 6.0 版本下已经完成编译，可以不再重新编译，请注意其随版本不同会有变化）。

图 7-26 打开工程

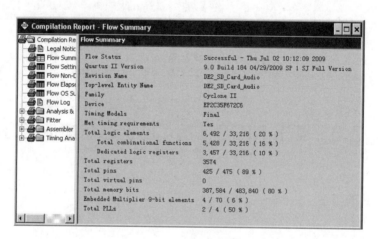

图 7-27 编译报告

④ 选择 Tool→Programmer，在弹出的编程窗 Mode 栏中选择 JTAG。在 DE2 上选择 RUN 模式，单击 Start 完成对 DE2_SD_Card_Audio.sof 的下载。

软件部分

完成项目编译并下载到 DE2 开发板后，我们需要进行软件部分的设计工作。为锻炼自己完成本部分工作，首先删除 c:\my_EDA\DE2_SD_Card_Audio\ 目录下的 .metadata、hello_led_0、hello_led_0_syslib 文件夹。

① 启动 Nios Ⅱ IDE 并设置工作空间 Nios Ⅱ IDE 的初始界面如图 7-28 所示，关闭 Welcome 欢迎界面。

选择主菜单 File→Switch Workspace…，在 Workspace Launcher 对话框中单击 Browse… 按钮，选择 Workspace 路径为 c:\my_EDA\DE2_SD_Card_Audio，并单击 OK 按钮确定（图 7-29）。

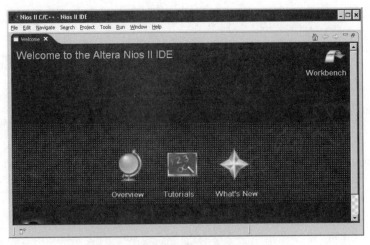

图 7-28　Nios Ⅱ IDE 初始界面

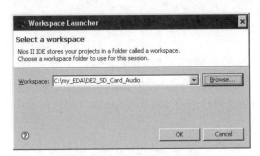

图 7-29　选择工作空间

② 新建 Nios Ⅱ 工程　选择主菜单 File → New → Nios Ⅱ C/C++ Application，出现 New Project 对话框，如图 7-30 所示。在 Select Target Hardware 栏目下的 SOPC Build System PTF File：项，通过 Browse… 选择为 C:\my_EDA\DE2_SD_Card_Audio\system_0.ptf 文件，并改 Name：为 hello_led_0，单击 Next>，出现如图 7-31 所示界面。

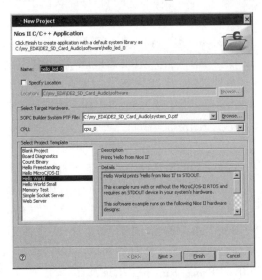

图 7-30　New Project 对话框

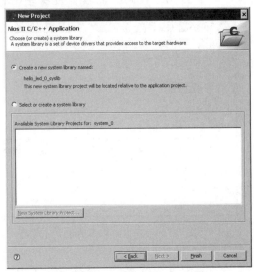

图 7-31　创造新的系统库文件

在图 7-31 中选择 Create a new system library named：并单击 Finish 完成，出现如图 7-32 所示界面。

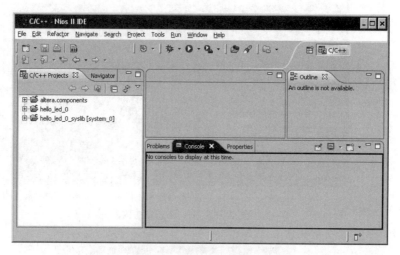

图 7-32　创建工程后的界面

③ 修改工程路径（若工程路径没有发生变化，可省略）　在图 7-32 所示界面，展开 Nios Ⅱ C/C++ Projects 栏中的 hello_led_0_syslib［system_0］项，双击 system. stf 文件，将第 3 行的 "C:\my_EDA\DE2_SD_Card_Audio\system_0. ptf" 部分修改为项目实际路径并保存，如图 7-33 所示。

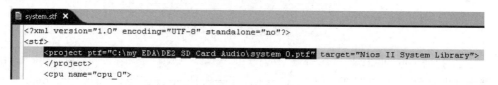

图 7-33　修改工程路径

④ 复制原代码　把教学资源中\DE2\DE2_SD_Card_Audio\hello_led_0\目录下的文件

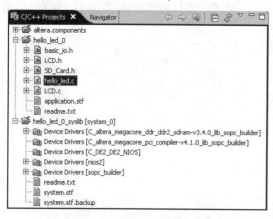

图 7-34　SD 卡音乐播放器的主程序

basic_io. h、hello_led. c、LCD. c、LCD. h、SD_Card. h，复制到工程实际目录 c:\my_EDA\DE2_SD_Card_Audio\hello_led_0\下（请注意取消其只读属性），并在 Nios Ⅱ C/C++ Projects 栏中的 hello_led_0 上用鼠标右键选择单击 Refresh，刷新。

⑤ 编译工程　展开 Nios Ⅱ C/C++ Projects 栏中的 hello_led_0，双击 hello_led. c 文件，如图 7-34 所示，这是 SD 卡音乐播放器的主程序文件。选择 Nios IDE 主菜单的 Project→Build all，编译该工程（这个过程时间较长）。

⑥ 配置运行方式　选择 Nios Ⅱ IDE 主菜单的 Run→Run…，出现如图 7-35 所示界面。

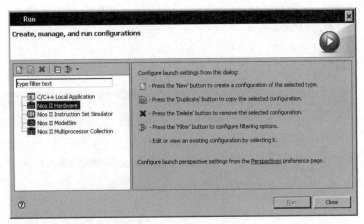

图 7-35　配置运行方式

在已完成对 DE2_SD_Card_Audio.sof 下载的情况下，双击 Nios Ⅱ Hardware，弹出如图 7-36 所示界面，在 Target Connection 下拉列表中改 JTAG cable：为 USB-Blaster[USB-0]，改 JTAG device：为 1[EP2C35]。

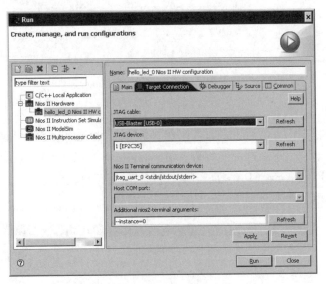

图 7-36　设置目标连接方式

⑦ 准备好硬件并运行工程　将准备好的 SD 卡插入到 DE2 开发板上，将音箱连接到 DE2 的 LINE OUT 上。

单击图 7-36 中的 Run，当在 Nios Ⅱ IDE 底部的 Console 控制台窗口发现如图 7-37 所示提示时，就可以听到存储在 SD 卡里的 wav 格式音乐了。

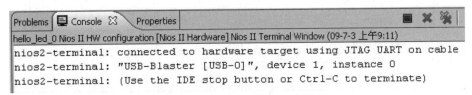

图 7-37　提示窗口

⑧ 改善音质　如果发现音质不理想，请在 Nios Ⅱ C/C++ Projects 栏中的 hello_led_0 上单击鼠标右键，选择 Properties，出现 Properties for hello_led_0 对话框，选择 C/C++ Build，在 Configuration 下拉列表中改变选项为 Release，如图 7-38 所示，并单击 OK 按钮，重新编译运行，就可以听到比较满意的音质。

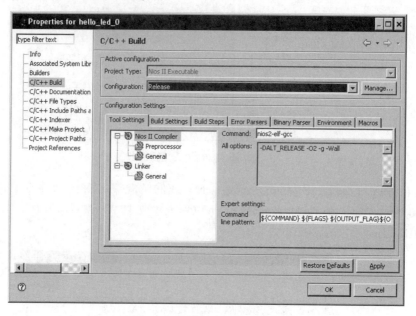

图 7-38　改变 Configuration 属性

⑨ 烧入到 DE2

a. 编程 DE2_SD_Card_Audio. pof　在 DE2 上选择 PROG 模式，单击主菜单的 Tool→Quartus Ⅱ Programmer，出现如图 7-39 所示界面，在 Mode：下选择 Active Serial Programming 项，单击 Add File…，打开 c:\my_EDA\DE2_SD_Card_Audio\DE2_SD_Card_Audio. pof 文件，把其烧入到 DE2 的 EPCS16 中。

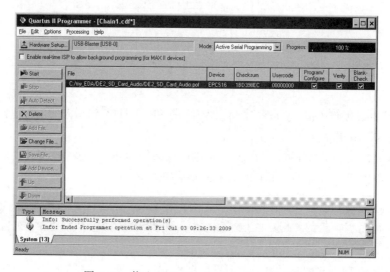

图 7-39　烧入 DE2_SD_Card_Audio. pof 文件

b. 烧入 hello_led_0 软件工程　选择单击主菜单的 Tool→Flash Programmer，出现如图 7-40 所示界面。

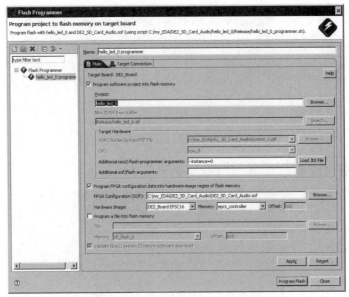

图 7-40　烧入 hello_led_0 软件工程

在 Main 项目下，通过 Browse…选择 Program software project into flash memory 项为 hello_led_0。

选择 Program FPGA configuration data into hardware-image region of flash memory 项，其中 FPGA configuration（SOF）：为 c:\my_EDA\DE2_SD_Card_Audio\DE2_SD_Card_Audio. sof；hardware Image 项为 DE2_Board EPSC16；Memory：项为 epcs_controller。

单击 Load JDI File，出现图 7-41，选择 DE2_SD_Card_Audio. jdi 文件，单击"打开（O）"按钮。

图 7-41　选择 DE2_SD_Card_Audio. jdi 文件

单击图 7-40 中的 Program Flash，出现图 7-42，询问是否烧入。

单击 Yes，把其烧入到 DE2 的 Flash 中。

图 7-42　询问是否烧入

图 7-43 是 DE2 重新上电、自动配置运行程序的实际情况，同时可以立即听到 wav 音乐。

图 7-43　DE2 重新上电、自动配置运行程序的实际情况

提示　有音乐输出即视为完成。

（3）提高

综合本节及在 3.4.6 节所学内容，自行完成本项目从硬件到软件的全部设计工作。

第8章 实战实例

本章选取了几位完成了硬件实验的同学作品：交通灯、函数信号发生器、出租车计费器、4位频率计、万年历，以期达到抛砖引玉之用。全部是学生作品，编者仅仅调整了部分格式以方便阅读。

8.1 交通灯

（1）顶层文件（图8-1）

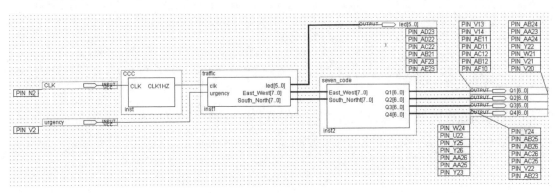

图8-1 交通灯控制系统顶层文件

（2）单元模块

① ccc模块 时钟产生模块ccc的VHDL源代码如下。

```
LIBRARY IEEE;
USE IEEE. STD_LOGIC_1164. ALL;
USE IEEE. STD_LOGIC_UNSIGNED. ALL;

ENTITY CCC IS
    PORT( CLK:IN STD_LOGIC;
    CLK1HZ: OUT STD_LOGIC);
```

```
END;

ARCHITECTURE ONE OF CCC IS
    SIGNAL X:STD_LOGIC;
BEGIN

PROCESS(CLK)
    VARIABLE cnt:INTEGER RANGE 0 TO 49999999;

    BEGIN

    IF clk' EVENT AND clk ='1'  THEN
        IF cnt = 49999999 THEN cnt:=0;
            ELSE IF cnt<25000000 THEN X<='1';
                    ELSEX<='0';
                    END IF;
            cnt:=cnt+1;
        END IF;
    END IF;
END PROCESS;
    CLK1HZ<=X;
END;
```

② traffic 模块　控制模块 traffic 的 VHDL 源代码如下。

```
LIBRARY IEEE ;
USE IEEE. STD_LOGIC_1164. ALL ;
USE IEEE. STD_LOGIC_UNSIGNED. ALL;

ENTITY   traffic   IS
    PORT(   clk : IN STD_LOGIC;                              --时钟信号(1Hz)
        urgency : IN STD_LOGIC;                              --紧急状态控制端
            led : BUFFER STD_LOGIC_VECTOR(5 DOWNTO 0);    --红黄绿,绿黄红
    East_West,South_North : BUFFER STD_LOGIC_VECTOR(7 DOWNTO 0) );
END;                      --东西、南北倒计时数码管(高4位为十位,低4位为个位)

ARCHITECTURE rtl OF traffic IS
BEGIN
```

```
PROCESS( clk , urgency )
  BEGIN
  IF urgency = '1' THEN                                        --紧急状态
    led <= "100001";
    East_West <= "00000000";
    South_North <= "00000000";
  ELSIF ( clk' EVENT AND clk = '1' ) THEN
    IF ( East_West > "00110000" or South_North > "00110000" ) THEN
        East_West <= "00101001";                 --计数错误时纠正到初始转态
        South_North <= "00100100";
                led <= "100100";                 --东西红灯 30s,南北绿灯 25s


      ELSIF ( East_West = "00000101" AND South_North = "00000000" ) THEN
        East_West <= "00000100";
        South_North <= "00000100";
        led <= "100010";                         --东西红灯余 5s,南北黄灯 5s


    ELSIF ( East_West ="00000000" AND South_North = "00000000" AND led = "100010" )
THEN
        East_West <= "00100100";
        South_North <= "00101001";
        led <= "001001";                         --东西绿灯 25s,南北红灯 30s


    ELSIF ( East_West = "00000000" AND South_North = "00000101" ) THEN
        East_West <= "00000100";
        South_North <= "00000100";
        led <= "010001";                         --东西黄灯 5s,南北红灯余 5s


    ELSIF ( East_West ="00000000" AND South_North = "00000000" AND led = "010001" )
THEN
        East_West <= "00101001";
        South_North <= "00100100";
        led <= "100100";                         --东西红灯 30s,南北绿灯 25s


    ELSIF ( East_West( 3 DOWNTO 0 ) = "0000" ) THEN
    East_West <= East_West − 7;                               --BCD 码减法转换
    South_North <= South_North − 1;
    ELSIF ( South_North ( 3 DOWNTO 0 ) = "0000" )       THEN
    South_North <= South_North − 7;                          --BCD 码减法转换
```

```
        East_West <= East_West - 1;

    ELSE   East_West <= East_West - 1;                    --不满足上述特殊情况时减1
    South_North <= South_North - 1;
    END IF;
    END IF;
    END PROCESS;
    END;
```

③ seven_code 模块   译码显示模块 seven_code 的 VHDL 源代码如下。

```
library ieee;
use ieee. std_logic_1164. all;
use ieee. std_logic_unsigned. all;
entity seven_code is
port(East_West,South_Northt:in std_logic_vector(7 downto 0);
    Q1,Q2,Q3,Q4:out std_logic_vector(6 downto 0));
end seven_code;
architecture behave of seven_code is
begin
process(East_West(3 downto 0))
begin
    case East_West(3 downto 0) is
        when "0000"=>Q1<="1000000";
        when "0001"=>Q1<="1111001";
        when "0010"=>Q1<="0100100";
        when "0011"=>Q1<="0110000";
        when "0100"=>Q1<="0011001";
        when "0101"=>Q1<="0010010";
        when "0110"=>Q1<="0000010";
        when "0111"=>Q1<="1111000";
        when "1000"=>Q1<="0000000";
        when "1001"=>Q1<="0010000";
        when others=>Q1<="1111111";
    end case;
end process;

process(East_West(7 downto 4))
```

```
begin
    case East_West(7 downto 4) is
        when "0000"=>Q2<="1000000";
        when "0001"=>Q2<="1111001";
        when "0010"=>Q2<="0100100";
        when "0011"=>Q2<="0110000";
        when "0100"=>Q2<="0011001";
        when "0101"=>Q2<="0010010";
        when "0110"=>Q2<="0000010";
        when "0111"=>Q2<="1111000";
        when "1000"=>Q2<="0000000";
        when "1001"=>Q2<="0010000";
        when others =>Q2<="1111111";
    end case;
end process;


process(South_Northt(3 downto 0))
begin
    case South_Northt(3 downto 0) is
        when "0000"=>Q3<="1000000";
        when "0001"=>Q3<="1111001";
        when "0010"=>Q3<="0100100";
        when "0011"=>Q3<="0110000";
        when "0100"=>Q3<="0011001";
        when "0101"=>Q3<="0010010";
        when "0110"=>Q3<="0000010";
        when "0111"=>Q3<="1111000";
        when "1000"=>Q3<="0000000";
        when "1001"=>Q3<="0010000";
        when others =>Q3<="1111111";
    end case;
end process;


process(South_Northt(7 downto 4))
begin
    case South_Northt(7 downto 4) is
        when "0000"=>Q4<="1000000";
        when "0001"=>Q4<="1111001";
        when "0010"=>Q4<="0100100";
```

```
        when "0011"=>Q4<="0110000";
        when "0100"=>Q4<="0011001";
        when "0101"=>Q4<="0010010";
        when "0110"=>Q4<="0000010";
        when "0111"=>Q4<="1111000";
        when "1000"=>Q4<="0000000";
        when "1001"=>Q4<="0010000";
        when others =>Q4<="1111111";
    end case;
end process;
end behave;
```

8.2　函数信号发生器

（1）顶层文件（图8-2）

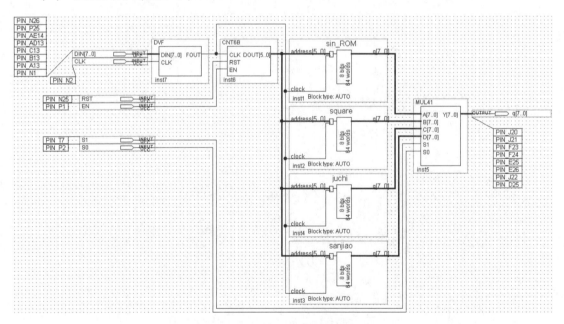

图 8-2　函数信号发生器顶层文件

（2）单元模块

① DVF 模块　分频器模块 DVF 的 VHDL 源代码如下。

```
LIBRARY IEEE;
USE IEEE. STD_LOGIC_1164. ALL;
```

```vhdl
USE IEEE. STD_LOGIC_UNSIGNED. ALL;

ENTITY DVF IS
  PORT( DIN:IN STD_LOGIC_VECTOR(7 DOWNTO 0);
      CLK:IN STD_LOGIC;
      FOUT:OUT STD_LOGIC);
END DVF;

ARCHITECTURE behav of DVF IS
  SIGNAL FULL:STD_LOGIC;
  BEGIN
  P_REG: PROCESS(CLK)
    VARIABLE CNT8:STD_LOGIC_VECTOR(7 DOWNTO 0);
      BEGIN
        IF CLK' EVENT AND CLK='1' THEN
          IF CNT8="11111111" THEN
            CNT8:=DIN;
            FULL<='1';
          ELSE CNT8:=CNT8+1;
          FULL<='0';
        END IF;
      END IF;
END PROCESS P_REG;

 P_DIV:PROCESS(FULL)
    VARIABLE CNT2:STD_LOGIC;
      BEGIN
        IF FULL' EVENT AND FULL='1' THEN
          CNT2:=NOT CNT2;
          IF CNT2='1' THEN FOUT<='1';ELSE FOUT<='0';
          END IF;
        END IF;
    END PROCESS P_DIV;
END behav;
```

② CNT6B 模块　扫描信号发生器模块 CNT6B 的 VHDL 源代码如下。

```vhdl
LIBRARY IEEE;
USE IEEE. STD_LOGIC_1164. ALL;
```

```
USE IEEE. STD_LOGIC_UNSIGNED. ALL;

ENTITY CNT6B IS
  PORT(CLK,RST,EN:IN STD_LOGIC;
              DOUT:OUT STD_LOGIC_VECTOR(5 DOWNTO 0));
END CNT6B;

ARCHITECTURE behav OF CNT6B IS
  SIGNAL CQI : STD_LOGIC_VECTOR(5 DOWNTO 0);
    BEGIN
    PROCESS(CLK,RST,EN)
      BEGIN
        IF RST='1' THEN CQI<=(OTHERS=>'0');
            ELSIF CLK' EVENT AND CLK='1' THEN
            IF EN ='1' THEN CQI<=CQI + 1;
            END IF;
          END IF;
        END PROCESS;
      DOUT<=CQI;
END behav;
```

③ MUL41 模块　4 选 1 多路选择器模块 MUL41 的 VHDL 源代码如下。

```
LIBRARY IEEE;
USE IEEE. STD_LOGIC_1164. ALL;
USE IEEE. STD_LOGIC_UNSIGNED. ALL;

ENTITY MUL41 IS
  PORT(A,B,C,D:IN STD_LOGIC_VECTOR(7 DOWNTO 0);
        S1,S0:IN STD_LOGIC;
            Y:OUT STD_LOGIC_VECTOR(7 DOWNTO 0));
END ENTITY MUL41;

ARCHITECTURE ONE OF MUL41 IS
  SIGNAL S:STD_LOGIC_VECTOR(1 DOWNTO 0);
    BEGIN
    S<=S1&S0;
    WITH S SELECT
      Y<= A WHEN"00",
```

```
        B WHEN"01",
        C WHEN"10",
        D WHEN"11",
        "ZZZZZZZZ" WHEN OTHERS;
END;
```

（3）各 ROM 数据

juchi.mif

Addr	+0	+1	+2	+3	+4	+5	+6	+7
0	255	251	247	243	239	235	231	227
8	223	219	215	211	207	203	199	195
16	191	187	183	179	175	171	167	163
24	159	155	151	147	143	139	135	131
32	128	124	120	116	112	108	104	100
40	96	92	88	84	80	76	72	68
48	64	60	56	52	48	44	40	36
56	32	28	24	20	16	12	8	4

sanjiao.mif

Addr	+0	+1	+2	+3	+4	+5	+6	+7
0	0	8	16	24	32	40	48	56
8	64	72	80	88	96	104	112	120
16	128	135	143	151	159	167	175	183
24	191	199	207	215	223	231	239	247
32	255	247	239	231	223	215	207	199
40	191	183	175	167	159	151	143	135
48	128	120	112	104	96	88	80	72
56	64	56	48	40	32	24	16	8

LPM_ROM1.mif

Addr	+0	+1	+2	+3	+4	+5	+6	+7
0	255	254	252	249	245	239	233	225
8	217	207	197	186	174	162	150	137
16	124	112	99	87	75	64	53	43
24	34	26	19	13	8	4	1	0
32	0	1	4	8	13	19	26	34
40	43	53	64	75	87	99	112	124
48	137	150	162	174	186	197	207	217
56	225	233	239	245	249	252	254	255

square.mif

Addr	+0	+1	+2	+3	+4	+5	+6	+7
0	255	255	255	255	255	255	255	255
8	255	255	255	255	255	255	255	255
16	255	255	255	255	255	255	255	255
24	255	255	255	255	255	255	255	255
32	0	0	0	0	0	0	0	0
40	0	0	0	0	0	0	0	0
48	0	0	0	0	0	0	0	0
56	0	0	0	0	0	0	0	0

8.3　出租车计费器

（1）顶层文件（图 8-3）

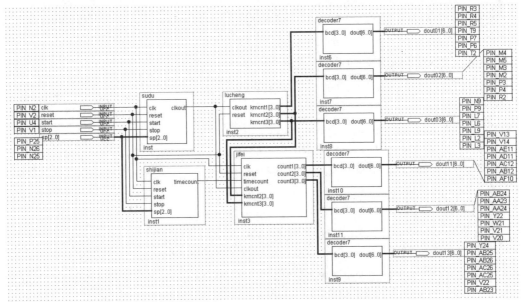

图 8-3　出租车计费器顶层文件

（2）单元模块

① sudu 模块　速度模块 sudu 的 VHDL 源代码如下。

```vhdl
library ieee;
use ieee. std_logic_1164. all;
use ieee. std_logic_unsigned. all;

entity sudu is
    port( clk, reset, start, stop: in std_logic;
                            sp : in std_logic_vector( 2 downto 0 );
                       clkout : out std_logic );
end sudu;

architecture behavior of sudu is
begin
    process( clk, reset, stop, start, sp )
    type state_type is( s0, s1 );
    variable s_state: state_type;
    variable cnt: integer range 0 to 50000000;
    variable kinside: integer range 0 to 50000000;
begin
    case sp is
        when "000" => kinside: = 0;
        when "001" => kinside: = 50000000;
        when "010" => kinside: = 42000000;
        when "011" => kinside: = 35000000;
        when "100" => kinside: = 28000000;
        when "101" => kinside: = 21000000;
        when "110" => kinside: = 14000000;
        when "111" => kinside: = 7000000;
    end case;
        if( reset = '1' ) then s_state: = s0;
        elsif( clk' event and clk = '1' ) then
            case s_state is
                when s0 =>
                    cnt: = 0; clkout <= '0' ;
                    if( start = '1' ) then s_state: = s1;
                    else s_state: = s0;
```

```
                          end if;
              when s1 =>
                  clkout<='0';
                  if( stop ='1' ) then s_state:=s0;
                  elsif( sp ="000") then s_state:=s1;
                  elsif( cnt =kinside) then cnt:=0;clkout<='1'; s_state:=s1;
                  else cnt:=cnt+1; s_state:=s1;
              end if;
          end case;
      end if;
  end process;
end behavior;
```

② shijian 模块 时间模块 shijian 的 VHDL 源代码如下。

```
library ieee;
use ieee. std_logic_1164. all;
use ieee. std_logic_unsigned. all;

entity shijian is
    port( clk,reset,start,stop:in std_logic;
                              sp:in std_logic_vector( 2 downto 0);
                      timecount:out std_logic);
end shijian;

architecture behavior of shijian is
begin
    process( reset,clk,sp,stop,start)
      type state_type is( t0,t1,t2);
      variable t_state:state_type;
      variable waittime: integer range 0 to 50000000;
      variable ci: integer range 0 to 20;
    begin
    if( reset ='1' ) then t_state:=t0;
    elsif( clk' event and clk ='1' )then
case t_state is
        when t0 =>
            waittime:=0;timecount<='0';
```

```
                    if( start='1' ) then t_state:=t1;
                    else t_state:=t0;
                    end if;
                  when t1  =>
                    if( sp="000") then t_state:=t2;
                    else waittime:=0;t_state:=t1;
                    end if;
                  when t2  =>
                    waittime:=waittime+1;
                    timecount<='0';
                    if( waittime=50000000) then
                        ci:=ci+1;
                        waittime:=0;
                        if( ci=20) then
                        timecount<='1';        --20s
                        ci:=0;
                        end if;
                    elsif( stop='1' ) then t_state:=t0;
                    elsif( sp="000") then t_state:=t2;
                    else timecount<='0';t_state:=t1;
                    end if;
              end case;
       end if;
       end process;
       end behavior;
```

③ lucheng 模块　路程模块 lucheng 的 VHDL 源代码如下。

```
library ieee;
use ieee. std_logic_1164. all;
use ieee. std_logic_unsigned. all;

entity lucheng is
    port( clkout,reset:in std_logic;
        kmcnt1:out std_logic_vector( 3 downto 0);
        kmcnt2:out std_logic_vector( 3 downto 0);
        kmcnt3:out std_logic_vector( 3 downto 0) );
end lucheng;
```

```
architecture behavior of lucheng is
begin
    process( clkout , reset )
        variable km_reg : std_logic_vector( 11 downto 0 ) ;
begin
    if( reset ='1' )  then km_reg : ="000000000000" ;
    elsif( clkout' event and clkout ='1' )  then
if( km_reg( 3 downto 0 ) = "1001")then
        km_reg : =km_reg+"0111" ;
    else km_reg( 3 downto 0 ) : =km_reg( 3 downto 0 ) +"0001" ;
    end if ;
    if( km_reg( 7 downto 4 ) = "1010")then
        km_reg : =km_reg+"01100000" ;
    end if ;
end if ;
kmcnt1<=km_reg( 3 downto 0 ) ; --shi fen
kmcnt2<=km_reg( 7 downto 4 ) ; --ge
kmcnt3<=km_reg( 11 downto 8 ) ; --shi
end process ;
end behavior ;
```

④ jifei 模块　计费模块 jifei 的 VHDL 源代码如下。

```
library ieee ;
use ieee. std_logic_1164. all ;
use ieee. std_logic_unsigned. all ;

entity jifei is
    port( clk , reset , timecount , clkout : in std_logic ;
                        kmcnt2 : in std_logic_vector( 3 downto 0 ) ;
                        kmcnt3 : in std_logic_vector( 3 downto 0 ) ;
                            count1 : out std_logic_vector( 3 downto 0 ) ;
                            count2 : out std_logic_vector( 3 downto 0 ) ;
                            count3 : out std_logic_vector( 3 downto 0 ) ) ;
end jifei ;

architecture behavior of jifei is
signal cash : std_logic_vector( 11 downto 0 ) ;
```

```vhdl
signal Price:std_logic_vector(3 downto 0);
signal Enable: std_logic;
begin
    process(cash,kmcnt2)
    begin
        if(cash>="000001000000") then price<="0100";
        else Price<="0010";
        end if;
    if((kmcnt2>="0011")or(kmcnt3>="0001")) then Enable<='1';
        else Enable<='0';
        end if;
    end process;
kmmoney2:process(reset,clkout,clk,Enable,Price,kmcnt2)
variable reg2:std_logic_vector(11 downto 0);
variable clkout_cnt:integer range 0 to 10;
begin
    if(reset='1') then cash<="000000000111";              --7 qi bu
    elsif(clk'event and clk='1') then
    if(timecount='1') then                                 --pan duan20s+1yuan
        reg2:=cash;
        if(reg2(3 downto 0)+"0001">"1001") then
            reg2(7 downto 0):=reg2(7 downto 0)+"00000111";
            if(reg2(7 downto 4)>"1001") then
                cash <=reg2+"000001100000";
            else cash<=reg2;
            end if;
        else cash<=reg2+"0001";
        end if;
    elsif(clkout='1' and Enable='1') then
    if(clkout_cnt=9) then
        clkout_cnt:=0;
        reg2:=cash;
        if("0000"&reg2(3 downto 0)+price(3 downto 0)>"00001001") then
            reg2(7 downto 0):=reg2(7 downto 0)+"00000110"+price;
            if(reg2(7 downto 4)>"1001") then
                cash<=reg2+"000001100000";
            else cash<=reg2;
            end if;
```

```
            else cash<=reg2+price;
            end if;
        else clkout_cnt:=clkout_cnt+1;
        end if;
    end if;
    end if;
    end process;
    count1<=cash(3 downto 0);        --ge
    count2<=cash(7 downto 4);        --shi
    count3<=cash(11 downto 8);       --bai
    end behavior;
```

⑤ decoder7 模块 译码模块 decoder7 的 VHDL 源代码如下。

```
library ieee;
use ieee. std_logic_1164. all;

entity decoder7 is
  port(bcd:in std_logic_vector(3 downto 0);
       dout:out std_logic_vector(6 downto 0));

end decoder7;

architecture rtl of decoder7 is

  begin

    process(bcd)

      begin

        case bcd is
          when"0000" =>dout<="1000000";
          when"0001" =>dout<="1111001";
          when"0010" =>dout<="0100100";
          when"0011" =>dout<="0110000";
          when"0100" =>dout<="0011001";
```

```
            when"0101" =>dout<="0010010";
            when"0110" =>dout<="0000010";
            when"0111" =>dout<="1111000";
            when"1000" =>dout<="0000000";
            when"1001" =>dout<="0010000";
            when others  =>dout<="1111111";
        end case;

    end process;
end rtl;
```

8.4 4 位频率计

(1) 顶层文件 (图 8-4)

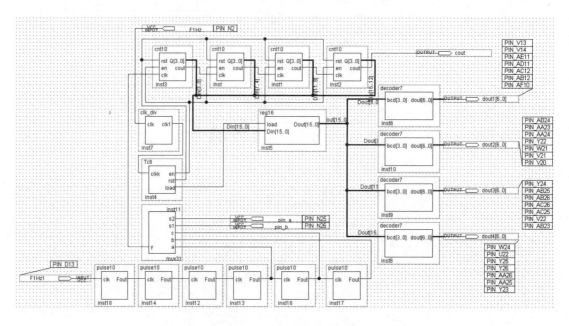

图 8-4 4 位频率计顶层文件

(2) 说明

本实例各单元模块在前面均有, 第 7 章例题都是正确的, 但离硬件实验还有距离, 7.2
节是动态输出, 而 ED2 只支持静态。本实例对被测信号进行了模拟, 通过 mux31, 可以分
别显示 27Hz、270Hz、2700Hz 测量值。

8.5 万年历

（1）顶层文件（图 8-5）

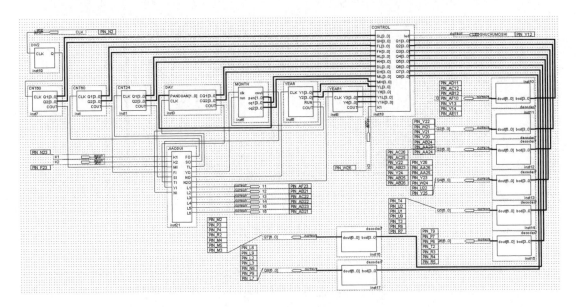

图 8-5 万年历顶层文件

（2）单元模块

① CNT60 模块 六十进制计数器模块 CNT60 的 VHDL 源代码如下。

```
LIBRARY IEEE;
USE IEEE. STD_LOGIC_1164. ALL;
USE IEEE. STD_LOGIC_UNSIGNED. ALL;

ENTITY CNT60 IS
  PORT（CLK;IN STD_LOGIC;
      Q1,Q2;OUT STD_LOGIC_VECTOR（3 DOWNTO 0）;
      COUT;OUT STD_LOGIC）;
END CNT60;

ARCHITECTURE ONE OF CNT60 IS
  SIGNAL Q11,Q22;STD_LOGIC_VECTOR（3 DOWNTO 0）;
BEGIN
```

```
PROCESS(CLK)
    BEGIN
        IF CLK' EVENT AND CLK='1' THEN
            Q11<=Q11+1;
        IF Q11=9 THEN Q11<=(OTHERS=>'0');
            Q22<=Q22+1;
        END IF;
        IF Q22=5 AND Q11=9 THEN
            Q22<="0000";Q11<="0000";COUT<='1';
        ELSE COUT<='0';
        END IF;
        END IF;
    END PROCESS;
        Q1<=Q11;Q2<=Q22;
END;
```

② CNT24 模块　二十四进制计数器模块 CNT24 的 VHDL 源代码如下。

```
LIBRARY IEEE;
USE IEEE. STD_LOGIC_1164. ALL;
USE IEEE. STD_LOGIC_UNSIGNED. ALL;

ENTITY CNT24 IS
  PORT(CLK:IN STD_LOGIC;
    Q1,Q2:OUT STD_LOGIC_VECTOR(3 DOWNTO 0);
      COUT:OUT STD_LOGIC);
END CNT24;

ARCHITECTURE ONE OF CNT24 IS
  SIGNAL Q11,Q22:STD_LOGIC_VECTOR(3 DOWNTO 0);
BEGIN
  PROCESS(CLK)
    BEGIN
        IF CLK' EVENT AND CLK='1' THEN
            Q11<=Q11+1;
        IF Q11=9 THEN Q11<=(OTHERS=>'0');
            Q22<=Q22+1;
        END IF;
```

```
            IF Q22 = 2 AND Q11 = 3 THEN
                    Q22<="0000";Q11<="0000";COUT<='1';
            ELSE COUT<='0';
            END IF;
            END IF;
    END PROCESS;
        Q1<=Q11;Q2<=Q22;
END;
```

③ DAY 模块 日计数器模块 DAY 的 VHDL 源代码如下。

```
LIBRARY IEEE;
USE IEEE. STD_LOGIC_1164. ALL;
USE IEEE. STD_LOGIC_UNSIGNED. ALL;

ENTITY DAY IS
PORT( PANDUAN :IN STD_LOGIC_VECTOR(1 DOWNTO 0);
      CLK :IN STD_LOGIC;
      CQ1 :OUT STD_LOGIC_VECTOR (3 DOWNTO 0);
      CQ2 :OUT STD_LOGIC_VECTOR (3 DOWNTO 0);
      COUT :OUT STD_LOGIC);
END;

ARCHITECTURE ONE OF DAY IS
  SIGNAL CQ3,CQ4:STD_LOGIC_VECTOR(3 DOWNTO 0);
  SIGNAL PAN:STD_LOGIC_VECTOR(1 DOWNTO 0);
BEGIN
  PROCESS(CLK,PANDUAN)
  BEGIN
      IF CLK' EVENT AND CLK ='1' THEN
              CQ3<=CQ3+1;
          IF CQ3 = 9 THEN CQ3<=(OTHERS=>'0');
          CQ4<=CQ4+1;
          END IF;
          PAN<=PANDUAN;
CASE PAN IS
WHEN "00"=>IF CQ3 ="0001" AND CQ4 ="0011"
THEN CQ3<="0001";CQ4<="0000";COUT<='1';
```

```
ELSE COUT<='0' ;END IF;
WHEN "01"=>IF CQ3="0000" AND CQ4="0011"
THEN CQ3<="0001";CQ4<="0000";COUT<='1' ;
ELSE COUT<='0' ;END IF;
WHEN "10"=>IF CQ3="1000" AND CQ4="0010"
THEN CQ3<="0001";CQ4<="0000";COUT<='1' ;
ELSE COUT<='0' ;END IF;
WHEN "11"=>IF CQ3="1001" AND CQ4="0010"
THEN CQ3<="0001";CQ4<="0000";COUT<='1' ;
ELSE COUT<='0' ;END IF;
WHEN OTHERS=>NULL;
END CASE;
END IF;
CQ1<=CQ3;
CQ2<=CQ4;
END PROCESS;
END;
```

④ MONTH 模块　月计数器模块 MONTH 的 VHDL 源代码如下。

```
LIBRARY IEEE;
USE IEEE. STD_LOGIC_1164. ALL;
USE IEEE. STD_LOGIC_UNSIGNED. ALL;

ENTITY MONTH IS
port(clk     :IN STD_LOGIC;
    run     :IN STD_LOGIC;
    cout    :OUT STD_LOGIC;
    pan     :OUT STD_LOGIC_VECTOR(1 DOWNTO 0);
    cq1,cq2:OUT STD_LOGIC_VECTOR(3 DOWNTO 0));
END ;

ARCHITECTURE behav OF MONTH IS
signal cq3,cq4: STD_LOGIC_VECTOR (3 DOWNTO 0);
signal    cq5: STD_LOGIC_VECTOR (7 DOWNTO 0);
BEGIN
PROCESS(clk)
BEGIN
```

```
IF clk' EVENT and clk ='1'  THEN
        cq3<=cq3+1;
IF cq3 = 9 THEN    cq4<=cq4+1;cq3<="0000";    END IF;
IF cq3 = 2 and cq4 = 1 THEN cq3<="0001";cq4<="0000";cout<='1';ELSE cout<='0';
END IF;END IF;
cq5<=cq4&cq3;
CASE cq5 IS
WHEN "00000001"=>pan<="00";
WHEN "00000010"=>if run='1'  then pan<="11";else pan<="10";end if;
WHEN "00000011"=>pan<="00";
WHEN "00000100"=>pan<="01";
WHEN "00000101"=>pan<="00";
WHEN "00000110"=>pan<="01";
WHEN "00000111"=>pan<="00";
WHEN "00001000"=>pan<="00";
WHEN "00001001"=>pan<="01";
WHEN "00001010"=>pan<="00";
WHEN "00001011"=>pan<="01";
WHEN "00001100"=>pan<="00";
WHEN others=>NULL;
END CASE;
   cq1<=cq3;
   cq2<=cq4;
END PROCESS;
END;
```

⑤ YEAR 模块　年计数器模块 YEAR 的 VHDL 源代码如下。

```
LIBRARY IEEE;
USE IEEE. STD_LOGIC_1164. ALL;
USE IEEE. STD_LOGIC_UNSIGNED. ALL;

ENTITY YEAR IS
  PORT (CLK:IN STD_LOGIC;
        Y1,Y2:OUT STD_LOGIC_VECTOR(3 DOWNTO 0);
        RUN,COUT:OUT STD_LOGIC);
END YEAR;
```

```
ARCHITECTURE ONE OF YEAR IS
  SIGNAL Q1,Q2,Q3:STD_LOGIC_VECTOR(3 DOWNTO 0);
BEGIN

  PROCESS(CLK)
    BEGIN
        IF CLK' EVENT AND CLK='1' THEN   Q1<=Q1+1;
        IF Q1=9 THEN Q1<=(OTHERS=>'0');
            Q2<=Q2+1;
        END IF;
        IF Q2=9 AND Q1=9 THEN
            Q2<="0000";Q1<="0000";COUT<='1';
        ELSE COUT<='0';
        END IF;
        END IF;
    END PROCESS;

  PROCESS(CLK)
  BEGIN
      IF CLK' EVENT AND CLK='1' THEN Q3<=Q3+1;
      IF Q3=3 THEN Q3<=(OTHERS=>'0');
          RUN<='1';
      ELSE RUN <='0';
      END IF;
      END IF;
      Y1<=Q1;Y2<=Q2;
  END PROCESS;
END;
```

⑥ YEAR1 模块　年计数器模块 YEAR1 的 VHDL 源代码如下。

```
LIBRARY IEEE;
USE IEEE. STD_LOGIC_1164. ALL;
USE IEEE. STD_LOGIC_UNSIGNED. ALL;

ENTITY YEAR1 IS
PORT(CLK:IN STD_LOGIC;
Y3,Y4:OUT STD_LOGIC_VECTOR(3 DOWNTO 0);
```

```
COUT:OUT STD_LOGIC);
END YEAR1;

ARCHITECTURE ONE OF YEAR1 IS
SIGNAL Q1,Q2: STD_LOGIC_VECTOR(3 DOWNTO 0);

BEGIN
PROCESS(CLK)
BEGIN
IF CLK' EVENT AND CLK ='1' THEN
Q1<=Q1+1;
IF Q1=9 THEN Q1<=(OTHERS=>'0');
Q2<=Q2+1;
END IF;
IF Q2=9 AND Q1=9 THEN
Q2<="0000";Q1<="0000";COUT<='1';
ELSE COUT<='0';
END IF;
END IF;
END PROCESS;
END;
```

⑦ JIAODUI 模块 校对模块 JIAODUI 的 VHDL 源代码如下。

```
LIBRARY IEEE;
USE IEEE. STD_LOGIC_1164. ALL;
USE IEEE. STD_LOGIC_UNSIGNED. ALL;

ENTITY JIAODUI IS
PORT(        K1,K2 :IN STD_LOGIC;
    MI,FI,SI,TI,YI,NI:IN STD_LOGIC;
    FO,SO,TL,YO,NO,N2O :OUT STD_LOGIC;
    L1,L2,L3,L4,L5,L6 :OUT STD_LOGIC);
END;

ARCHITECTURE BEHAV OF JIAODUI IS
SIGNAL A: STD_LOGIC_VECTOR (3 DOWNTO 0);
BEGIN
```

```
PROCESS(K1,K2)
BEGIN
IF K1'EVENT AND K1='1' THEN
  A<=A+1;
IF A=5 THEN
A<="0000";
  END IF;
END IF;
CASE A IS
WHEN "0000"=>FO<=MI;SO<=FI;TL<=SI;YO<=TI;NO<=YI; N2O<=NI;
  L1<='0';L2<='0';L3<='0';L4<='0';L5<='0';L6<='0';
WHEN "0001"=>FO<=K2;SO<='0';TL<='0';YO<='0';NO<='0';N2O<='0';
  L1<='1';L2<='0';L3<='0';L4<='0';L5<='0';L6<='0';
WHEN "0010"=>FO<='0';SO<=K2;TL<='0';YO<='0';NO<='0';N2O<='0';
  L1<='0';L2<='1';L3<='0';L4<='0';L5<='0';L6<='0';
WHEN "0011"=>FO<='0';SO<='0';TL<=K2;YO<='0';NO<='0';N2O<='0';
  L1<='0';L2<='0';L3<='1';L4<='0';L5<='0';L6<='0';
WHEN "0100"=>FO<='0';SO<='0';TL<='0';YO<=K2;NO<='0';N2O<='0';
  L1<='0';L2<='0';L3<='0';L4<='1';L5<='0';L6<='0';
WHEN "0101"=>FO<='0';SO<='0';TL<='0';YO<='0';NO<=K2;N2O<='0';
  L1<='0';L2<='0';L3<='0';L4<='0';L5<='1';L6<='0';
WHEN "0110"=>FO<='0';SO<='0';TL<='0';YO<='0';NO<='0';N2O<=K2;
  L1<='0';L2<='0';L3<='0';L4<='0';L5<='0';L6<='1';
WHEN OTHERS=>NULL;
END CASE;
END PROCESS;

END;
```

附　录

附录 A　DE2 基本资料

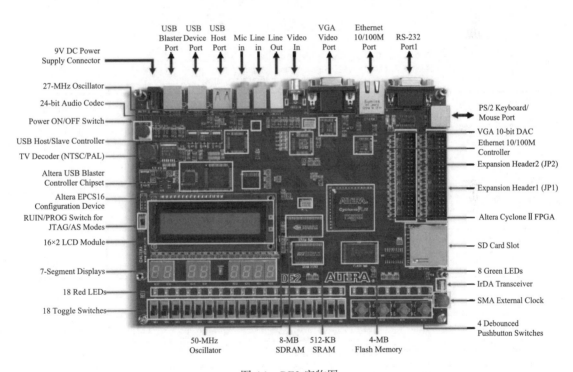

USB Blaster Port
USB Device Port
USB Host Port
Mic in
Line in
Line Out
Video In
VGA Video Port
Ethernet 10/100M Port
RS-232 Port1

9V DC Power Supply Connector

27-MHz Oscillator
24-bit Audio Codec
Power ON/OFF Switch
USB Host/Slave Controller
TV Decoder (NTSC/PAL)
Altera USB Blaster Controller Chipset
Altera EPCS16 Configuration Device
RUIN/PROG Switch for JTAG/AS Modes
16×2 LCD Module
7-Segment Displays
18 Red LEDs
18 Toggle Switches

PS/2 Keyboard/ Mouse Port
VGA 10-bit DAC
Ethernet 10/100M Controller
Expansion Header2 (JP2)
Expansion Header1 (JP1)
Altera Cyclone II FPGA
SD Card Slot
8 Green LEDs
IrDA Transceiver
SMA External Clock
4 Debounced Pushbutton Switches

50-MHz Oscillator
8-MB SDRAM
512-KB SRAM
4-MB Flash Memory

图 A1　DE2 实物图

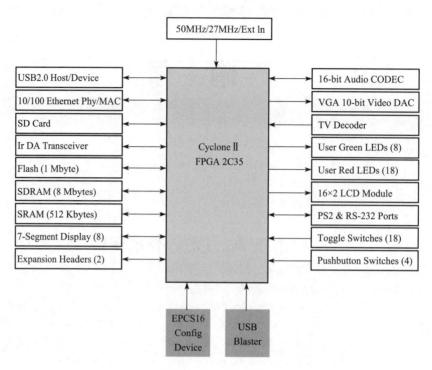

图 A2 DE2 结构框图

表 A1 开关引脚对应表

信号	SW[0]	SW[1]	SW[2]	SW[3]	SW[4]	SW[5]	SW[6]	SW[7]	SW[8]
引脚	N25	N26	P25	AE14	AF14	AD13	AC13	C13	B13
信号	SW[9]	SW[10]	SW[11]	SW[12]	SW[13]	SW[14]	SW[15]	SW[16]	SW[17]
引脚	A13	N1	P1	P2	T7	U3	U4	V1	V2

表 A2 按键引脚对应表

信号	KEY[0]	KEY[1]	KEY[2]	KEY[3]
引脚	G26	N23	P23	W26

表 A3 LED 引脚对应表

信号	LEDR[0]	LEDR[1]	LEDR[2]	LEDR[3]	LEDR[4]	LEDR[5]	LEDR[6]	LEDR[7]	LEDR[8]
引脚	AE23	AF23	AB21	AC22	AD22	AD23	AD21	AC21	AA14
信号	LEDR[9]	LEDR[10]	LEDR[11]	LEDR[12]	LEDR[13]	LEDR[14]	LEDR[15]	LEDR[16]	LEDR[17]
引脚	Y13	AA13	AC14	AD15	AE15	AF13	AE13	AE12	AD12
信号	LEDG[0]	LEDG[1]	LEDG[2]	LEDG[3]	LEDG[4]	LEDG[5]	LEDG[6]	LEDG[7]	LEDG[8]
引脚	AE22	AF22	W19	V18	U18	U17	AA20	Y18	Y12

表A4　7段数码管引脚对应表

信号	HEX0[0]	HEX0[1]	HEX0[2]	HEX0[3]	HEX0[4]	HEX0[5]	HEX0[6]
引脚	AF10	AB12	AC12	AD11	AE11	V14	V13
信号	HEX1[0]	HEX1[1]	HEX1[2]	HEX1[3]	HEX1[4]	HEX1[5]	HEX1[6]
引脚	V20	V21	W21	Y22	AA24	AA23	AB24
信号	HEX2[0]	HEX2[1]	HEX2[2]	HEX2[3]	HEX2[4]	HEX2[5]	HEX2[6]
引脚	AB23	V22	AC25	AC26	AB26	AB25	Y24
信号	HEX3[0]	HEX3[1]	HEX3[2]	HEX3[3]	HEX3[4]	HEX3[5]	HEX3[6]
引脚	Y23	AA25	AA26	Y26	Y25	U22	W24
信号	HEX4[0]	HEX4[1]	HEX4[2]	HEX4[3]	HEX4[4]	HEX4[5]	HEX4[6]
引脚	U9	U1	U2	T4	R7	R6	T3
信号	HEX5[0]	HEX5[1]	HEX5[2]	HEX5[3]	HEX5[4]	HEX5[5]	HEX5[6]
引脚	T2	P6	P7	T9	R5	R4	R3
信号	HEX6[0]	HEX6[1]	HEX6[2]	HEX6[3]	HEX6[4]	HEX6[5]	HEX6[6]
引脚	R2	P4	P3	M2	M3	M5	M4
信号	HEX7[0]	HEX7[1]	HEX7[2]	HEX7[3]	HEX7[4]	HEX7[5]	HEX7[6]
引脚	L3	L2	L9	L6	L7	P9	N9

表A5　时钟输入引脚对应表

信号	引脚
CLOCK_27	D13
CLOCK_50	N2
EXT_CLOCK	P26

表A6　LCD引脚对应表

信号	引脚	信号	引脚	说明
DATA[0]	J1	LCD_RW	K4	Read/Write Select, 0=Write, 1=Read
DATA[1]	J2	LCD_EN	K3	CommAND/Data Select, 0=CommAND, 1=Data
DATA[2]	H1	LCD_RS	K1	
DATA[3]	H2	LCD_ON	L4	Power ON/OFF
DATA[4]	J4	LCD_BLON	K2	Back Light ON/OFF
DATA[5]	J3			
DATA[6]	H4			
DATA[7]	H3			

表 A7　扩展端口引脚对应表

信号	引脚	信号	引脚	信号	引脚	信号	引脚
GPIO_0[0]	D25	GPIO_0[18]	J23	GPIO_1[0]	K25	GPIO_1[18]	T25
GPIO_0[1]	J22	GPIO_0[19]	J24	GPIO_1[1]	K26	GPIO_1[19]	T18
GPIO_0[2]	E26	GPIO_0[20]	H25	GPIO_1[2]	M22	GPIO_1[20]	T21
GPIO_0[3]	E25	GPIO_0[21]	H26	GPIO_1[3]	M23	GPIO_1[21]	T20
GPIO_0[4]	F24	GPIO_0[22]	H19	GPIO_1[4]	M19	GPIO_1[22]	U26
GPIO_0[5]	F23	GPIO_0[23]	K18	GPIO_1[5]	M20	GPIO_1[23]	U25
GPIO_0[6]	J21	GPIO_0[24]	K19	GPIO_1[6]	N20	GPIO_1[24]	U23
GPIO_0[7]	J20	GPIO_0[25]	K21	GPIO_1[7]	M21	GPIO_1[25]	U24
GPIO_0[8]	F25	GPIO_0[26]	K23	GPIO_1[8]	M24	GPIO_1[26]	R19
GPIO_0[9]	F26	GPIO_0[27]	K24	GPIO_1[9]	M25	GPIO_1[27]	T19
GPIO_0[10]	N18	GPIO_0[28]	L21	GPIO_1[10]	N24	GPIO_1[28]	U20
GPIO_0[11]	P18	GPIO_0[29]	L20	GPIO_1[11]	P24	GPIO_1[29]	U21
GPIO_0[12]	G23	GPIO_0[30]	J25	GPIO_1[12]	R25	GPIO_1[30]	V26
GPIO_0[13]	G24	GPIO_0[31]	J26	GPIO_1[13]	R24	GPIO_1[31]	V25
GPIO_0[14]	K22	GPIO_0[32]	L23	GPIO_1[14]	R20	GPIO_1[32]	V24
GPIO_0[15]	G25	GPIO_0[33]	L24	GPIO_1[15]	T22	GPIO_1[33]	V23
GPIO_0[16]	H23	GPIO_0[34]	L25	GPIO_1[16]	T23	GPIO_1[34]	W25
GPIO_0[17]	H24	GPIO_0[35]	L19	GPIO_1[17]	T24	GPIO_1[35]	W23

表 A8　VGA（ADV7123）引脚对应表

信号	引脚	信号	引脚	信号	引脚
VGA_R[0]	C8	VGA_G[0]	B9	VGA_B[0]	J13
VGA_R[1]	F10	VGA_G[1]	A9	VGA_B[1]	J14
VGA_R[2]	G10	VGA_G[2]	C10	VGA_B[2]	F12
VGA_R[3]	D9	VGA_G[3]	D10	VGA_B[3]	G12
VGA_R[4]	C9	VGA_G[4]	B10	VGA_B[4]	J10
VGA_R[5]	A8	VGA_G[5]	A10	VGA_B[5]	J11
VGA_R[6]	H11	VGA_G[6]	G11	VGA_B[6]	C11
VGA_R[7]	H12	VGA_G[7]	D11	VGA_B[7]	B11
VGA_R[8]	F11	VGA_G[8]	E12	VGA_B[8]	C12
VGA_R[9]	E10	VGA_G[9]	D12	VGA_B[9]	B12
CLK	B8	HS	A7	SYNC	B7
BLANK	D6	VS	D8		

表 A9 Audio CODEC 引脚对应表

信号	引脚	信号	引脚
ADCLRCK	C5	XCK	A5
ADCDAT	B5	BCLK	B4
DACLRCK	C6	I2C_SCLK	A6
DACDA	A4	I2C_SDAT	B6

表 A10 RS-232 引脚对应表

信号	引脚
UART_RXD	C25
UART_TXD	B25

表 A11 PS/2 引脚对应表

信号	引脚
PS2_CLK	D26
PS2_DAT	C24

表 A12 Fast Ethernet（DM9000A）引脚对应表

信号	引脚	信号	引脚	信号	引脚	说明
DATA[0]	D17	DATA[8]	B20	CLK	B2425MHz	
DATA[1]	C17	DATA[9]	A20	CMD	A21	CommAND/Data Select, 0=CommAND, 1=Data
DATA[2]	B18	DATA[10]	C19	CS_N	A23	Chip Select
DATA[3]	A18	DATA[11]	D19	INT	B21	Interrupt
DATA[4]	B17	DATA[12]	B19	RD_N	A22	Read
DATA[5]	A17	DATA[13]	A19	WR_N	B22	Write
DATA[6]	B16	DATA[14]	E18	RST_N	B23	Reset
DATA[7]	B15	DATA[15]	D18			

表 A13 TV Decoder 引脚对应表

信号	引脚	信号	引脚	说明
DATA[0]	J9	HS	D5	H_SYNC
DATA[1]	E8	VS	K9	V_SYNC
DATA[2]	H8	CLK27	C16	Clock Input.
DATA[3]	H10	RESET	C4	Reset
DATA[4]	G9	I2C_SCLK	A6	I2C Data
DATA[5]	F9	I2C_SDAT	B6	I2C Clock
DATA[6]	D7			
DATA[7]	C7			

表 A14 USB（ISP1362）引脚对应表

信号	引脚	信号	引脚	信号	引脚	说明
DATA[0]	F4	DATA[8]	E2	CS_N	F1	Chip Select
DATA[1]	D2	DATA[9]	E1	RD_N	G2	Read
DATA[2]	D1	DATA[10]	K6	WR_N	G1	Write
DATA[3]	F7	DATA[11]	K5	RST_N	G5	Reset
DATA[4]	J5	DATA[12]	G4	INT0	B3	Interrupt 0
DATA[5]	J8	DATA[13]	G3	INT1	C3	Interrupt 1
DATA[6]	J7	DATA[14]	J6	DACK0_N	C2	DMA Acknowledge 0
DATA[7]	H6	DATA[15]	K8	DACK1_N	B2	DMA Acknowledge 1
				DREQ0	F6	DMA Request 0
		ADDR[0]	K7	DREQ1	E5	DMA Request 1
		ADDR[1]	F2	FSPEED	F3	Full Speed, 0=Enable, Z=Disable
				LSPEED	G6	Low Speed, 0=Enable, Z=Disable

表 A15 IrDA pin assignments.

信号	引脚
IRDA_TXD	AE24
IRDA_RXD	AE25

表 A16 SDRAM 引脚对应表

信号	引脚	信号	引脚	信号	引脚	说明
ADDR[0]	T6	DQ[2]	AA1	BA_0	AE2	Bank Address[0]
ADDR[1]	V4	DQ[3]	Y3	BA_1	AE3	Bank Address[1]
ADDR[2]	V3	DQ[4]	Y4	LDQM	AD2	Low-byte Data Mask
ADDR[3]	W2	DQ[5]	R8	UDQM	Y5	High-byte Data Mask
ADDR[4]	W1	DQ[6]	T8	RAS_N	AB4	Row Address Strobe
ADDR[5]	U6	DQ[7]	V7	CAS_N	AB3	Column Address Strobe
ADDR[6]	U7	DQ[8]	W6	CKE	AA6	Clock Enable
ADDR[7]	U5	DQ[9]	AB2	CLK	AA7	Clock
ADDR[8]	W4	DQ[10]	AB1	WE_N	AD3	Write Enable
ADDR[9]	W3	DQ[11]	AA4	CS_N	AC3	Chip Select
ADDR[10]	Y1	DQ[12]	AA3			
ADDR[11]	V5	DQ[13]	AC2			
DQ[0]	V6	DQ[14]	AC1			
DQ[1]	AA2	DQ[15]	AA5			

表 A17　SRAM 引脚对应表

信号	引脚	信号	引脚	说明
SRAM_ADDR[0]	AE4	SRAM_DQ[0]	AD8	
SRAM_ADDR[1]	AF4	SRAM_DQ[1]	AE6	
SRAM_ADDR[2]	AC5	SRAM_DQ[2]	AF6	
SRAM_ADDR[3]	AC6	SRAM_DQ[3]	AA9	
SRAM_ADDR[4]	AD4	SRAM_DQ[4]	AA10	
SRAM_ADDR[5]	AD5	SRAM_DQ[5]	AB10	
SRAM_ADDR[6]	AE5	SRAM_DQ[6]	AA11	
SRAM_ADDR[7]	AF5	SRAM_DQ[7]	Y11	
SRAM_ADDR[8]	AD6	SRAM_DQ[8]	AE7	
SRAM_ADDR[9]	AD7	SRAM_DQ[9]	AF7	
SRAM_ADDR[10]	V10	SRAM_DQ[10]	AE8	
SRAM_ADDR[11]	V9	SRAM_DQ[11]	AF8	
SRAM_ADDR[12]	AC7	SRAM_DQ[12]	W11	
SRAM_ADDR[13]	W8	SRAM_DQ[13]	W12	
SRAM_ADDR[14]	W10	SRAM_DQ[14]	AC9	
SRAM_ADDR[15]	Y10	SRAM_DQ[15]	AC10	
SRAM_ADDR[16]	AB8	SRAM_WE_N	AE10	Write Enable
SRAM_ADDR[17]	AC8	SRAM_OE_N	AD10	Output Enable
		SRAM_UB_N	AF9	High-byte Data Mask
		SRAM_LB_N	AE9	Low-byte Data Mask
		SRAM_CE_N	AC11	Chip Enable

表 A18　Flash 引脚对应表

信号	引脚	信号	引脚	说明
FL_ADDR[0]	AC18	FL_ADDR[17]	AC15	
FL_ADDR[1]	AB18	FL_ADDR[18]	AB15	
FL_ADDR[2]	AE19	FL_ADDR[19]	AA15	
FL_ADDR[3]	AF19	FL_ADDR[20]	Y15	
FL_ADDR[4]	AE18	FL_ADDR[21]	Y14	
FL_ADDR[5]	AF18	FL_DQ[0]	AD19	
FL_ADDR[6]	Y16	FL_DQ[1]	AC19	
FL_ADDR[7]	AA16	FL_DQ[2]	AF20	
FL_ADDR[8]	AD17	FL_DQ[3]	AE20	
FL_ADDR[9]	AC17	FL_DQ[4]	AB20	
FL_ADDR[10]	AE17	FL_DQ[5]	AC20	
FL_ADDR[11]	AF17	FL_DQ[6]	AF21	
FL_ADDR[12]	W16	FL_DQ[7]	AE21	
FL_ADDR[13]	W15	FL_CE_N	V17	Enable
FL_ADDR[14]	AC16	FL_OE_N	W17	Output Enable
FL_ADDR[15]	AD16	FL_RST_N	AA18	Reset
FL_ADDR[16]	AE16	FL_WE_N	AA17	Write Enable

附录 B 基于 MAX II EPM240 芯片的 WZ 型最小系统实验板基本资料

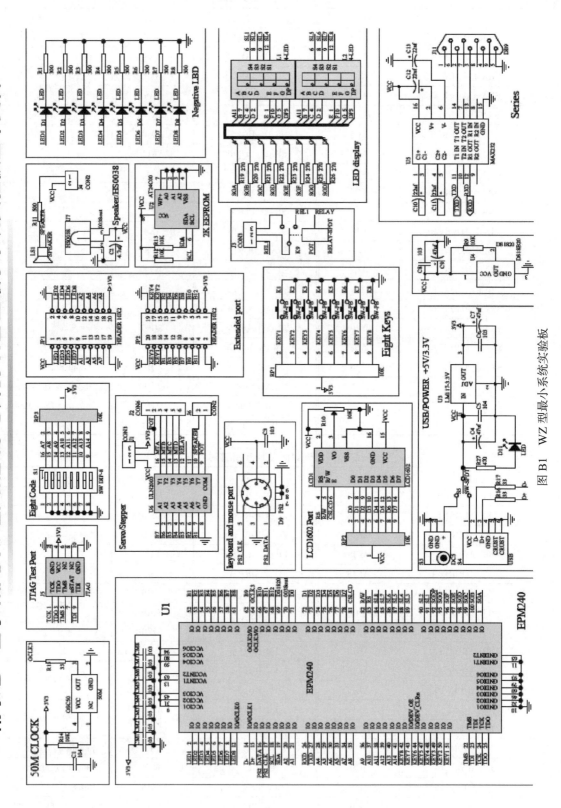

图 B1 WZ 型最小系统实验板

表 B1　基于 MAX Ⅱ EPM240 芯片的最小系统实验板引脚对照表

模块	网络号	EPM240 引脚号	模块	网络号	EPM240 引脚号
时钟	GCLK3	64		LED1	2
按键开关	KEY8	42		LED2	3
	KEY7	43		LED3	4
	KEY6	44		LED4	5
	KEY5	47	LED	LED5	6
	KEY4	48		LED6	7
	KEY3	49		LED7	8
	KEY2	50		LED8	12
	KEY1	51		A2	20
拨码开关	A7	34		A1	21
	A8	35		A4	28
	A9	36		A3	29
	A10	37		A6	30
	A11	38	外部扩展	A5	33
	A12	39		B8	61
	A13	40		B9	62
	A14	41		B10	66
数码管	SL8	84		B11	67
	SL7	85		B12	68
	SL6	86		D0	71
	SL5	87		D1	72
	SL4	88		D2	73
	SL3	89		D3	74
	SL2	90		D4	75
	SL1	91	LCD1602	D5	76
	SGDP	92		D6	77
	SGG	95		D7	78
	SGF	96		CSLCD	81
	SGE	97		R/W	82
	SGD	98		RS	83
	SGC	99		B2	53
	SGB	100		B4	55
	SGA	1	电机	B5	56
JTAG	TMS	22		B6	57
	TDI	23		B7	58
	TCK	24	键盘和鼠标	PS2_DATA	16
	TDO	25		PS2_CLK	17
串口	RXD	26	EEPROM	SCL	18
	TXD	27		SDA	19
USB	D−	14	温度传感器	DS18B20	69
	D+	15	蜂鸣器	0038out	70
喇叭	B1	52	继电器	B3	54

参 考 文 献

［1］ 宋烈武等. EDA 技术实用教程. 武汉：湖北科学技术出版社，2006.

［2］ 顾斌. 数字电路 EDA 设计. 西安：西安电子科技大学出版社，2004.

［3］ 李国洪等. 可编程器件 EDA 设计与实践. 北京：机械工业出版社，2004.

［4］ 张志刚等. FPGA 与 SOPC 设计教程——DE2 实践. 西安：西安电子科技大学出版社，2007.

［5］ 刘艳萍等. EDA 实用技术及应用. 北京：国防工业出版社，2006.

［6］ 焦素敏. EDA 应用技术. 北京：清华大学出版社，2005.

［7］ 潘松等. EDA 技术及其应用. 北京：科学出版社，2007.

［8］ 江国强等. 数字系统的 VHDL 设计. 北京：机械工业出版社，2009.

［9］ 陈耀和等. VHDL 语言设计技术. 北京：电子工业出版社，2004.

［10］ 胡振华等. VHDL 与 FPGA 设计. 北京：中国铁道出版社，2003.

［11］ 王诚等. ALTERA FPGA-CPLD 设计（基础篇）. 北京：人民邮电出版社，2005.

［12］ 吴继华等. ALTERA FPGA-CPLD 设计（提高篇）. 北京：人民邮电出版社，2005.

［13］ 王振红等. VHDL 数字电路设计与应用实践教程. 第 2 版. 北京：机械工业出版社，2006.

［14］ 谭会生等. EDA 技术综合应用实例与分析. 西安：西安电子科技大学出版社，2005.

［15］ 潘松等. 现代 DSP 技术. 西安：西安电子科技大学出版社，2003.

［16］ 任爱锋等. 基于 FPGA 的嵌入式系统设计. 西安：西安电子科技大学出版社，2004.

［17］ 焦素敏. EDA 技术与实践. 北京：化学工业出版社，2014.